과학적 몽상가의 엉뚱한 실험실

과학적 몽상가의 엉뚱한 실험실

펴 낸 날 | 초판 1쇄 2014년 10월 1일
초판 2쇄 2015년 6월 10일
글 · 사진 | 정병길

펴 낸 이 | 조영권
만 든 이 | 노인향
꾸 민 이 | 강대현
그 린 이 | 이상준(지구와사람과동물)

펴 낸 곳 | 자연과생태
주소 _ 서울 마포구 신수로 25-32. 101(구수동)
전화 _ 02)701-7345-6 팩스 _ 02)701-7347
홈페이지 _ www.econature.co.kr
등록 _ 제2007-000217호

ISBN: 978-89-97429-45-5 93400

과학적 몽상가의 엉뚱한 실험실

글 · 사진 정병길

자연과생태

머리말

몸을 움직여 알아가는 즐거움

이제 말하기가 익숙해진 아이를 돌본 적이 있다면 알리라. 신기함으로 가득한 이 세상에 '당연히 그런 것' 따위는 없다는 것을. 하지만 어른들은 아이의 끊임없는 "왜요?"가 귀찮기만 하다. 질문이 꼬리에 꼬리를 물다 보면 급기야 짜증을 낸다. 자기에게도 그런 호기심 충만한 시절이 있었음을 잊어버린 것이다. 물론 아는 한에서 친절하게 답해주려 노력하는 관대한 어른들도 있다. 국내 유일의 생태 잡지였던 〈자연과생태〉 편집부 사람들은 분명 후자였다. 하지만 그들도 '다 큰 아이'였던 나에게는 관대하지 않았다. 정 궁금하면 직접 알아보고 글을 쓰라고 요구했다.

우선은 쉬워 보이는 것부터 골랐다. 학자들이 이미 설명한 내용, 명백해 보이는 내용을 골라 첫 연재를 시작했다. 사실, 나는 문자를 신뢰하는 사람이었다. 자연을 좋아해 어릴 적부터 곤충이나 도롱뇽을 잡으러 산천을 누볐지만, 어디까지나 책에 적힌 내용을 확인하는 데 그쳤던 것 같다. 거기서 크게 벗어나지 않으리라 생각했다. 그리 어렵지 않으리라 생각했건만, 웬걸……. 예상대로 움직여 주는 생명체는 없었다. 어디로 튈지 모르는 생물로 실험하고 관찰해 매달 독자들에게 전하는 일은 정말이지 버거웠다. 그렇게 고난은 시작되었다.

하지만 힘들기만 한 것은 아니었다. 책을 들춰 보거나 인터넷 검색만 해 보는 것과는 다른 즐거움이 있었다. 언어의 표현 범위는 매우 좁다. 이미 인간의 지각과 오감으로 인지한 좁은 범위의 세상에서 더 좁아진 범위에 불과하다. 반면 거대한 우주든 좁쌀만 한 벌레든 자연계는 단순하지 않다. 언어로 인간끼리 소통하기도 어려운데, 어떻게 문자만으로 다른 생명체를 이해할 수 있겠는가. 문자로 설명된 개구리와 내 앞에서 숨을 쉬는 개구리와는 큰 차이가 있다. 나는 어느 순간부터인가 가설이나 이론대로 결론이 나오지 않는 답답함보다는 생물들이 만들어 내는 의외의 행동과 결과를 더 즐기고 있었다.

이미 문자화된 학자들의 이론처럼 뚜렷한 결론을 내지 못할 바에야 무슨 소용이 있느냐고 반문할지도 모르겠다. 글쎄, 그런 목적지향적인 생각은 많은 것을 놓치게 한다. 듣기로는 요즘 관찰이나 실험과제에 인터넷에서 검색한 잘못된 정보를 적어 내는 아이들이 많다고 한다. 단순히 표절방지 교육이 부실한 게 유일한 이유일까? 나는 이미 확립된 이론을 학습케 하려는 교육목표에 따라 설계된 교육과정에 좀 더 혐의를 둔다. 효율적인 목적에는 효율적인 답만 나오게 마련이다. 그저 순수한 호기심으로 생물을 관찰하고, 자연의 다면적인 모습을 볼 수 있는 여유를 줄 수는 없는 걸까.

나보다 훨씬 진지했을 것 같은 철학자 프랜시스 베이컨은 저작『노붐 오르가눔(Novum Organum)』에서 이렇게 전한다. 실험은 결코 실험자를 속이거나 실망시키는 법이 없으며, 어떤 결론이 도출되든, 어떤 질문을 던져야 할지만 확인해도 만족할 거라고. 요컨대, 경험은 어떤 결과를 낳든 절대 시간 낭비가 아니다. 문자의 한계를 넘어 어떤 대상을 총체적으로 볼 수 있는 가장 좋은 방법이기 때문이다. 막상 움직여 보면 생각만큼 귀찮지도 않다. 이 책을 보고 그저 "아, 이런 사람도 있구나."라고 웃어넘기기보다, 각자의 관심사가 있는 현장에 나가 '몸을 움직여 알아가는 즐거움'을 깨닫게 되길 간절히 바란다.

이 책이 나오기까지 많은 도움이 있었다. 먼저 어머니께 감사드린다. 그는 아들이 주방에 똥물을 튀겨도, 세놓으려 비워둔 옥탑방에서 개구리가 튀어나와도 싫은 내색 없이 눈감아 주셨다. 내가 소재고갈로 힘들어할 때마다 아이디어 자판기마냥 괴롭힘 당했던 유승수 군, 책 구성을 고민하고 있을 때 사서의 입장에서 조언을 아끼지 않은 김대원 동작어린이도서관 관장, 조언과 조력을 베풀며 실험에 희생된 동물들에 대한 자각을 일깨워 줬던 양효진 씨, 항상 싫은 기색 없이 돕고 흔쾌히 사진 사용을 허락해준 권경숙 선생님에게도 감사의 말을 전한다. 일일이 호명할 수는 없지만, 각자의 생업현장에서 나의 어처구니없었을 요구를 흔쾌히 수용해준 많은 분들과, 부족한 글에도 긍정적인 피드백을 주셨던 〈자연과생태〉 독자 분들께 감사드린다. 끝으로 이 책을 멋진 꼴로 다듬어 준 노인향 편집자와 항상 이 책을 내도록 조언하고 격려해준 조영권 대표에게 감사드린다. 이들이 아니었다면 이 책은 세상의 빛을 보지 못했을 것이다.

2014년 10월

정병길

차례

녀석들의 취향

곤줄박이는 빨강을,
직박구리는 파랑을 좋아해?

어떤 생물이 색을 감지하는 능력을 알아보려면 색을 감지하는 세포와 같은 생리적 구조를 따지는 것* 외에 동물의 행동을 관찰하고 실험하는 방법으로도 알 수 있다. 꿀벌의 춤언어 연구로 잘 알려진 카를 폰 프리시Karl von Frisch가 꿀벌의 색 인지로 논쟁이 있었던 학회 시연회에서 '청색 접시에 가면 설탕물이 있다'는 것을 학습시킨 벌들을 풀어놓았더니, 벌들이 학회 참석자들의 청색 이름표에 달라붙었다는 일화는 유명하다. 그의 영향을 받은 오스트리아 연구자들에 따르면 벌이 선호하는 색은 노란색, 청색, 녹색이라고 한다. 그렇다면 새는 어떤 색을 선호할까?

알록달록, 새 맞춤 설문지

사람이라면 설문지를 돌리거나 물어볼 수 있을 텐데, 실험대상이 새므로 먹이에 색을 입혀서 실험해야 했다. 먹이에 페인트를 바르면 간단하겠지만, 새들이 먹을 거라 페인트를 바를 수도 없었다. 인터넷을 검색하다 '식용페인트 기술 개발'이라는 기사를 보고 눈이 번쩍 뜨였지만 아쉽게도 상품화되지는 않은 것 같았다. 오랜 기간 제과제빵 용품을 팔아 온 방산시장 상인들에게 물어봐도 사과에 바를 수 있는 식용색소는 없다고 했다. 혹시나 하는 마음으로 일단 튜브에 든 천연색소 4종 적색, 황색, 녹색, 청색 세트를 사서 사과 껍질에 시험 삼아 발라 보았다. 역시나 물이 들지 않았다.

그런데 껍질 뒷면에 발라 보니 물이 잘 들었다. 해결책은 간단했다. 껍질을 깎아서 물들이면 되는 거였다. 물들인 사과를 긴 합판에 못으로 고정하고 대조군으로 깎지 않은 보통 사과를 하나 두었다. 사과를 먹을 것으로 예상되는 새는 까치, 어치, 직박구리 정도다. 작은 새들을 위해 그들이 선호할 만한 땅콩을 준비해서 식용색소를 탄 물에 이틀 동안 담가 두었다. 결과를 보니 녹색 물은 잘 들지 않아 아쉬웠지만, 다른 색들은 잘 들었다. 색별로 20조각씩 추려서 견과류를 선호하는 작은 새들은 어떤 색 땅콩을 좋아하는지 살펴보기로 했다.

1 튜브에 든 천연색소를 깎은 사과에 발랐다.
2 색소를 바른 사과를 비닐봉지에 넣고 문질렀다.
3 물에 푼 천연색소에 물들인 땅콩

* 우리는 짙푸른 바다, 붉게 타오르는 노을, 싱그러운 녹색 나뭇잎 등 다양한 색을 보면서 산다. 보는 것으로 만족하지 못하는 사람들은 발달한 광학 · 전자기술이 집적된 디지털카메라로 이를 찍는다. 그런데 찍힌 사진에는 눈으로 본 것만큼 다채로운 색이 보이지 않는 경우가 있다. 사람의 눈은 순간적으로 보는 대상에 대해 흰색을 가정하고, 그 값을 기준으로 본래 색을 판단한다. 하지만 이와 유사한 디지털카메라의 오토 화이트밸런스 기능은 아직 완전하지 않아서 상황에 따라 지정을 해주거나 보정 프로그램으로 바로잡아야 한다.
첨단기술로도 구현하기 어려운 우리 눈의 성능에 감탄하기엔 이르다. 동물계에는 사람 눈보다 고성능인 눈을 가진 동물이 허다하다. 먼 거리의 작은 먹잇감을 포착하는 매의 눈을 봐도 그렇고, 심지어 오징어의 눈은 사람의 눈과 비교해 맹점이 생기지 않고 빛을 더 잘 받아들이는 시신경 구조 등 공학적으로 더 우수하다.
색을 식별하는 능력도 그렇다. 대다수 물고기는 눈 속에 색을 감지하는 세포가 4종이지만 사람은 3종뿐이다. 부엉이 같은 야행성 새가 아니라면 새 대부분은 색을 감지하는 세포가 4종이며, 사람은 거의 볼 수 없는 자외선이나 적외선의 일부를 볼 수 있다고 한다.

곤줄박이와 직박구리의 선택은?

유난히 추웠던 아침, 안곡초등학교 인근 안곡습지의 새 먹이대 근처에서 실험을 시작했다. 겨울마다 새 먹이를 주다 보니 새들의 식당이 된 곳이다. 새 먹이대에 염색한 땅콩을 올렸더니 경계심이 강한 참새 떼가 우르르 물러났다. 잠깐 기다리니 호기심 강한 곤줄박이가 먹이대로 날아왔다.

고개를 기웃거리며 색색의 땅콩을 보는 모습이 '이걸 먹어도 될까' 하고 고민하는 듯했다. 땅콩과 같은 견과류를 유독 좋아하는 곤줄박이가 선뜻 물지 않는 걸 보니 시간이 필요하겠다 싶어 잠시 자리를 비웠다가 돌아오니 바닥에 빨간색 땅콩 조각이 두 개 떨어져 있었다. 먹었는지는 알 수 없지만 경계심은 사라진 듯했다.

점심 후에 다시 들러 보니 녹색 물을 들였던 땅콩들이 없어졌다. 그러나 녹색이라고는 해도 볶은 땅콩에 녹색 물이 약간 묻은 정도라, 이 결과로 곤줄박이가 녹색을 선호한다고 보긴 어려웠다.

근처에 놓인 나무 위로 땅콩을 옮기고 계속 관찰하니 빨간색 땅콩을 부지런히 물어가는 모습을 수차례 볼 수 있었고, 간간히 다른 색 땅콩도 물어 갔다. 2시간 만에 빨간 땅콩이 품절되고 남은 땅콩 수를 헤아려 보니, 노란 땅콩 12개, 파란 땅콩 18개가 남았다. 하나도 먹지 않은 특정 색 땅콩은 없었고 나중에는 땅콩이 모두 사라졌으니 특별히 기피하는 색이 있다고 보긴 어렵다. 하지만 곤줄박이가 빨간색을 좋아하는 것은 분명해 보였다.

처음에 곤줄박이와 박새 무리가 있던 자리에 준비한 사과를 놓았는

1 곤줄박이가 색색 땅콩을 보는 모습이 '이걸 먹어도 될까'하고 고민하는 듯했다.
2 곤줄박이는 빨간색 땅콩을 가장 선호했다.

데, 오전 내내 근처에서 어치와 직박구리들이 배회하기만 할 뿐 반응이 신통치 않았다.

직박구리 목욕터 앞으로 자리를 옮겼다. 이곳은 수로 뒤의 덤불에서 다양한 새들이 대기하다가 수로로 내려와 목을 축이거나 목욕을 하는 곳으로, 주요 손님은 직박구리다. 주변에 있던 버려진 벌통 위에 빨간색, 노란색, 파란색, 초록색, 물들이지 않은 사과를 고정한 합판을 놓았다. 알록달록한 사과들이 줄지어 있으니 아무래도 새 입장에서는 낯설어 보였는지 다가오는 새가 없었다. 날도 유독 추워 그만 돌아가고 내일 볼까 싶어 남은 땅콩 수나 세려고 곤줄박이 쪽으로 갔다.

그러다 무심코 눈을 돌려 보니 직박구리가 사과를 쪼아 먹고 있었다. 그것도 놀랍게도 푸른 사과를! 자연계에 거의 존재하지 않을 것 같은 파란색 사과를 가장 먼저 택했다. 실컷 먹던 직박구리가 물러가고 다른 직박구리가 와도 푸른색 사랑은 계속됐다. 세 번째 직박구리는 옆자리의 노란색 사과도 좀 먹었다.

가만히 살펴보니 직박구리가 맘 편히 사과를 먹는 것은 아니고, 종종 순서를 기다리는 다른 직박구리의 방해를 받는 것이 보였다. 혹시 색보다는 파란 사과와 노란 사과의 위치 때문이었을까? 하지만 위치를 바꿔 놓아도 제일 인기 있는 것은 파란 사과였고, 그다음은 노란 사과였다.

가장 인기 있는 파란 사과를 빼보니, 노란 사과에 몰렸다. 노란 사과를 빼니 보통 사과를 선택했고, 보통 사과마저 뺀 후에는 빨간 사과를 먹었다. 초록색 사과는 끝내 선택받지 못했다.

17

1 놀랍게도 직박구리는 파란 사과를 가장 먼저 먹었다.
2 사과를 노리는 다른 직박구리에게 방해를 받았다.
3 위치 때문에 파란 사과를 먼저 먹은 게 아닐까 싶어서 위치를 바꿔 봤지만 여전히 파란 사과를 좋아했다.
4 가장 인기 있는 파란 사과를 빼니, 노란 사과에 몰렸다.

한파에 굶주렸을 직박구리들을 위해 모든 사과를 제자리에 돌려놓은 후 파란색 사과가 가장 인기 있었던 의외의 결과에 대해 생각했다. 초록색 사과가 인기 없었던 점이나 빨간 땅콩이 인기 있었던 점, 노란색이 무난한 인기를 보여준 점은 그럴듯한 설명이 가능하다.

동물이 먹는 열매들은 보통 종자가 성숙되는 시점에 과육을 먹기 좋게 만들며 붉고 노란색으로 먹을 때가 되었음을 알린다. 반대로 익지 않은 초록색 열매들은 맛이 역하거나 떫어 먹기에 나쁘다. 빨간 땅콩의 경우, 곤줄박이가 먹이대에서 흔히 먹어온 땅콩의 속껍질과 유사한 색이기도 하다.

파란색에 대한 선호는 어떻게 설명해야 할까. 세 가지 가설을 생각해봤다. 먼저, 같은 물건이어도 사람 눈에 보이는 것과 새의 눈에 보이는 색이 다를 수 있다. 새는 사람보다 색을 인식하는 세포가 더 있고,

일부 자외선과 적외선 파장을 볼 수 있다고 한다. 사람에겐 파란색인데 직박구리가 보기에는 먹음직스런 다른 색으로 보일지도 모른다.

두 번째 가설은 개체나 무리 별로 취향이 남다를지도 모른다는 것이다. 실험 중 목격한 안곡습지의 직박구리는 10마리가 안되었는데 이 지역 직박구리 무리의 문화적 취향이 파란색 취향일지도 모른다. 일본 고지마섬에 사는 원숭이들이 고구마를 바닷물에 씻어 먹는 문화를 가진 것처럼 말이다.

세 번째 가설은 한 마리가 우연히 파란 사과를 먹었는데, 다른 직박구리들도 대중 심리에 몰려 파란 사과를 따라 먹었다는 것이다. 사람도 선택의 갈림길에 놓이면 선택과 선택에 따른 결과에 대해 고민한다. 그래서 고급식당에서는 직원이 자리를 안내한다는 이야기도 있다. 기분 내러 와서 자리 선택에 따른 책임을 지기 싫기 때문에 그렇단다. 펭귄 무리도 바다로 뛰어들기에 앞서 한 마리가 들어가 괜찮으면 우르르 바다로 들어간다고 한다. 직박구리도 그런 게 아닐까. 배는 고프고 사과는 뭔가 께름칙한데 용기 있는 직박구리가 우연히 파란 사과를 한 입 쪼아 먹으니 다들 파란 사과에만 쏠렸을지도 모른다.

상상의 나래를 펼치자니 흥미롭기도 하지만 혼란스러워지기도 한다. 그런데 사진을 계속 들여다보니 파란색 사과의 색이 다소 진하다. 혹시 직박구리가 포도나 머루 같은 검푸른 열매와 비슷하게 보고 좋아한 걸까? 그랬다면 자연스러운 설명이 가능한데, 그래도 그들이 어떤 색으로 봤는지 정확히는 알 수 없다.

동물들의 이야기를 들을 수 있다는 전설 속 솔로몬의 반지나 도깨비감투 같은 물건이 있으면 참 편하련만.

곤충을 위한
트랩 뷔페

최근 들어 날이 부쩍 더워졌다. 봄에 성충으로 출현하는 곤충들은 이미 끝물이고, 한 여름에 활약할 곤충들은 성충이 될 날을 기다리며 부지런히 식물을 갉아먹는 시기다. 하지만 조금만 지나면 본격적으로 곤충을 보기에 좋은 계절이 온다. 곤충을 보러 다니는 가장 흔한 방법은 카메라나 곤충을 잡을 도구를 들고 곤충이 있을 만한 곳을 찾아다니는 능동적인 방법이다.

그리고 또 하나! 곤충트랩 즉, 일종의 덫을 놓아 곤충을 모으는 방법도 있다.곤충트랩은 실로 종류가 다양하다. 함정을 만들어 제 갈길 가던 곤충을 빠지게 하거나 길이 막히면 위로 향하는 곤충의 행동습성을 이용해 잡는 트랩도 있다. 흔히 볼 수 있는 끈끈이도 일종의 트랩이다.

곤충을 끌어들이려면 곤충이 혹할 만한 게 있어야 한다. 밝은 빛을 좋아하는 날벌레들을 꾀는 끈끈이라든가, 화학물질에 민감한 나방류를 잡는 페로몬 트랩도 있다고 한다. 어쨌거나 상업적인 목적을 가진 사람이나 연구자가 아니라면 곤충을 보려고 트랩을 놓을 사람들에게 중요한 것은 간편함과 효율성일 것이다.

아무래도 가장 만만한 것은 일회용 컵을 이용한 트랩이다. 미끼를 쓰지 않아도 여기에 곤충이 잘 빠진다고 한다. 빈 컵을 지면 높이로 묻어서 갈길 가던 곤충을 잡을 수도 있으며, 주목표는 잘 날지 않고 주로 땅을 기어 이동하는 딱정벌레 종류다. 그런 딱정벌레에는 애벌레를 잡아먹는 포식성이거나 사체를 먹는 것들이 많다. 그래서 썩은 냄새를 풍기는 미끼를 쓰기도 한다. 트랩에 미끼로 쓰려고 푹 썩힌 꽁치통조림을 들고 버스에 탔다가 터져서 난감했다는 이야기도 있다.

애꿎은 거미와 개미만 빠졌다

그런 영웅담을 곤충을 향한 열정으로 이해할 수도 있겠지만, 만들기도 어렵고 사람들이 꺼려하는 미끼를 쓰는 것은 별로일 것 같다. 그래서 나는 주변에서 손쉽고 간편하게 구할 수 있는 바나나와 포도주, 홍어를 미끼로 써보기로 했다. 각 미끼에 대한 곤충의 선호도도 엿볼 수 있을 거라 기대하면서. 또 하나, 이번 실험에서는 보통 쓰는 종이컵 대신 행여나 들어온 곤충이 빠져나갈까봐 합성수지로 만들어진 깊은 커피컵을 이용했다.

우선 집 근처에 곤충 트랩을 놓기로 했다. 은평 뉴타운을 지나는 북한산 둘레길이 집에서 가까웠다. 재료들을 가방에 넣고 가까운 숲으로 향했다. 나무가 하늘을 덮은 곳과 예전에 경작지였던 곳, 둘레길 인근 세 곳으로 나누어 으깬 바나나를 넣은 컵, 와인을 넣은 컵, 홍어 조각을 넣은 컵, 빈 컵들을 묻었다. 사람들이 많이 다니는 곳인데 의외로 지나가던 이들이 관심을 가지지 않아 작업하기에 편했다. 하지만 결과는 그저 그랬다. 원하던 녀석들은 거의 없고 거미와 개미만 우글거렸다.

1 많은 사람이 이용하는 도심에 가까운 숲,
은평 뉴타운을 지나는 북한산 둘레길 근처에 곤충트랩을 놓았다.
2 와인을 넣은 컵에 원하던 딱정벌레는 없고 개미와 집게벌레, 거미 등이 잡혔다.

한때 곤충을 보려고 수많은 컵을 묻었다는 편집장이 개미나 거미가 들어오면 그건 끝난 거라고 말했다. 진즉에 경험자의 조언을 제대로 구할걸 그랬나 보다. 그에 따르면 트랩을 놓기에 좋은 장소는 너무 평평한 곳보다는 산 능선 근처의 사면이며, 바나나는 수액에 모여드는 곤충에 적합한 것이니 나무에 바르는 것이 좋단다.

그리고 홍어보다는 액젓을 사용하라고 권했다. 거기에 더해서 컵을 한번 놓을 때 100개씩 놓는 경우도 많다며 더 많이 묻으라고 했다. 혹시 곤충이 빠져나갈까봐 깊은 합성수지 컵을 썼지만 많이 묻으려면 상당히 힘들 것 같았다. 그래서 이번엔 종이컵을 썼다.

이번 뷔페는 메뉴가 별로였나 보다

청계산 자락의 야트막한 야산을 올랐다. 등산로와는 먼 곳이어서 그런지 주말임에도 사람이 거의 없었다. 누군가가 잘 정리한 것인지 관목이 별로 없고 햇볕이 잘 들었다. 다양한 수종이 있지만 주 수종은 참나무다. 그중 한 나무를 골라 눈높이의 나무껍질에 가져온 바나나를 발랐다.

그리고 능선을 가운데에 두고 빙 둘러 가며 약 1미터 간격으로 종이컵을 지면 높이에 맞춰 묻으며 준비해간 포도주와 액젓을 약간씩 부었다. 길 가던 곤충이 빠지는 정도와 비교하려고 아무것도 붓지 않은 빈 컵도 묻었다. 혹시 수액에 꼬이는 곤충 중 액젓을 선호하는 곤충이 있을지 몰라 바나나를 바른 나무와 같은 뿌리에서 나와 갈라진 옆의 굵은 줄기에 컵에 붓고 남은 액젓을 뿌렸다.

1 참나무 껍질에 바나나를 발랐다.
2 컵을 묻고 미끼를 넣었다.
3 바나나를 바른 나무에 사슴풍뎅이가 왔다.

기대하며 다음날 다시 찾은 나무에는 짝짓기 중인 사슴풍뎅이 세 쌍이 찾아왔다. 꽃무지 무리에 속하지만 두 갈래로 난 뿔이 멋진 녀석들이다. 자세히 보려고 얼굴을 들이대니 회백색 바탕에 가슴에 검은 줄이 나 있어 마치 경극배우 같은 수컷이 과장된 몸짓으로 과시행동을 했다. 뿔을 내밀고 앞다리를 넓게 펼친 폼이 건드리면 가만 안두겠다는 위협인

1 와인을 넣은 컵에 들었던 풀색명주딱정벌레
2 액젓을 넣은 컵에 우리딱정벌레가 들어왔다. 사체를 먹는 특성상 액젓의 냄새에 끌렸을까.
3~4 각각의 컵에 든 거미와 개미의 수에는 의미 있는 차이가 없었다. 딱히 어떤 냄새에 끌렸다기보다 제 갈길 가다가 컵에 빠졌다고 봐야 할 것 같다. 빈 컵에만 들어온 나방 애벌레 세 마리도 비슷한 경우로 보인다.

듯했다. 아래에 있는 갈색 암컷은 나무껍질에 발랐던 바나나를 먹는데 여념이 없었다. 액젓을 뿌린 나무껍질 쪽은 붙어 있는 벌레가 없는 걸 보니 수액을 먹는 곤충에게 액젓은 그다지 입맛당기는 메뉴가 아닌가 보다.

묻어 뒀던 컵을 수거했다. 실망스럽게도 처음에 거둬들인 컵들에는 또 개미와 거미들만 가득했다. 이번에도 허탕인가 싶어 허탈한 맘을 추스르며 계속 컵을 찾았다. 그런데 이게 웬일인가! 딱정벌레가 있다. 확인해보니 포도주를 넣은 컵에 풀색명주딱정벌레 두 마리, 액젓을 넣은 컵에 우리딱정벌레 한 마리가 들었다.

도감을 보면 풀색명주딱정벌레는 낮에 나무 위를 다니며 나비와 나방의 애벌레를 잡아먹는다고 하며, 우리딱정벌레는 죽은 지렁이나 다른 곤충의 애벌레를 주로 먹는다고 한다. 우리딱정벌레가 사체를 먹는다고 하니 액젓의 향기에 끌렸던 것일까. 상상은 흥미롭지만 어떤 결론을 내기엔 숫자가 너무 적었다.

그리고 와인에 끌린 바구미 한 마리와 거미와 개미가 득실댔다. 컵에 든 마리수를 헤아려 보니 빈 컵과 포도주가 든 컵, 액젓이 든 컵에 들어온 거미와 개미의 수에는 의미 있는 차이가 없었다. 딱히 어떤 냄새에 끌렸다기보다 제 갈길 가다가 컵에 빠졌다고 봐야 할 것 같다. 빈 컵에만 들어온 나방 애벌레 세 마리도 비슷한 경우로 보인다.

결국 곤충들이 선호하는 미끼를 곤충트랩을 통해 알아보려는 시도는 실패했다. 의미를 이끌어 낼 만큼 많은 수를 확보하지 못해서다. 그래도 곤충트랩은 컵을 많이 묻는 것이 다소 번거로워 그렇지 기다릴 때의 기대감은 좋다. 곤충의 활동이 더 활발해지길 기다려 같은 곳을 한 번 더 가봐야겠다.

땡감의
달달한 변신?

바야흐로 감이 시장에 쏟아져 나오는 계절이다. 지금이야 아삭거리는 단감이 흔하지만 예전에는 매우 귀한 과일이었다고 한다. 일제 때 경남 지역에서 최초로 재배돼 현재 우리나라 남부 지역에서 널리 재배하는 단감은 날것 그대로 먹을 수 있어서 인기가 좋다. 물론 땡감으로 만드는 곶감이나 홍시도 맛이 있어서 여전히 찾는 사람이 많다.

땡감에는 디오스프린diospyrin이라는 수용성 타닌 성분이 있어서, 먹으면 혀 점막단백질을 응고시켜서 떫은맛을 내게 된다. 아세트알데히드가 타닌 성분과 결합해 불용성이 되면 떫은맛이 사라진다.

사실 타닌 성분은 대부분의 과일에 존재한다. 처음부터 타닌의 양이 적은 경우도 있고, 미숙한 열매일 때는 많다가 익어가면서 사라지는 종류도 있다. 단감은 후자다. 미숙한 단감은 떫은데 익어 가면서 생기는 알코올 성분이 아세트알데히드로 분해되며, 이 성분이 디오스프린과 결합해 불용성이 되어 떫은맛이 사라진다.

그러나 땡감은 익은 후에도 디오스프린이 많이 남기 때문에 더 숙성시켜 무른 홍시로 만들거나 곶감처럼 말리는 과정을 거쳐야 떫은맛을 없앨 수 있다. 근래에는 일반적으로 땡감을 홍시와 곶감으로만 만들어 먹지만, 단감이 흔한 과일이 되기 전까지는 더욱 다양한 방법으로 땡감을 먹었다.

곶감은 땡감으로 만들며, 말리는 과정에서 떫은맛이 사라진다.

달콤해지기 위한 6가지 방법

홍시나 곶감은 만드는 데 시간도 오래 걸릴뿐더러 손이 많이 간다. 보다 간단한 방법으로 단기간 내에 땡감을 먹을 만하게 만들 방법이 없을지, 민간에 내려오는 방법들을 실험해보기로 했다. 그저 단감이나 홍시, 곶감을 주문해 먹으면 되는 것을 "왜 그런 짓을 해?"라고 묻는 이들도 있을지 모르겠다. 문득 궁금해졌기 때문이다. 지금처럼 달달한 감을 주문을 해서 먹을 수 없던 옛날에는 어떻게 땡감을 먹을 만하게 만들었는지가 말이다.

옛 사람들은 소금물이나 된장물에 담그거나 꼭지에 술을 묻히는 등 다양한 방법을 썼다고 한다. 그 방법들을 경험해본 어른들에게 묻거나 인터넷에 퍼진 방법들을 살펴봤다. 크게 따듯한 물에 담그는 온탕침법과 알코올을 이용해 떫은맛 중화 과정을 가속시키는 알코올법, 대부분의 과일에게 익으라는 신호가 되는 과실 성숙 호르몬인 에틸렌ethylene을 활용한 방법으로 나눌 수 있다.

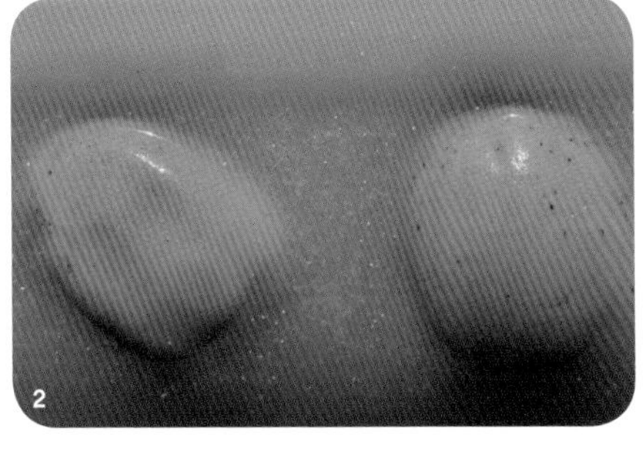

1 태풍 볼라벤이 감잎을 많이 떨어뜨려 작황이 좋지 않다는 이야기를 들어 약간 걱정했지만, 땡감의 상태는 아주 좋았다.
2 된장물에 감을 담갔다. 효과가 있을까?

❶과 ❷ 물에 담그는 방법으로는 소금물과 된장물에 담가서 따듯한 아랫목에 뒀다는 이야기를 들었다. 그러면 며칠 만에 먹을 만해진다고 한다. 온도가 높아지면 화학작용이 빨리 일어날 테니 떫은맛을 빨리 없애는 데 도움이 될지도 모른다. 하지만 구들장이 흔치 않은 요즘에 아랫목이 어디 있을까. 게다가 물에 담가 2주간 따듯한 곳에 뒀는데도 맛이 없다는 인터넷상 증언을 보니 다른 요소가 있을지도 모르겠다는 생각이 들었다. 어쩌면 소금물의 소금기나 된장의 미생물이 만들어 내는 어떤 조화일 수도 있겠구나 싶었다.

❸ 다음은 꼭지에 술을 묻히거나 술을 적신 솜과 같이 넣어 떫은맛을 없애는 방법이다. 감 자체에서 생성되는 알코올 성분을 인위적으로

더해서 떫은맛을 내는 타닌을 중화시킨다. 소주를 쓴다고 하나 원리는 알코올이라 제사 때 남은 청주를 쓰기로 했다. 일본의 인기 음식만화인 『맛의 달인』을 보면 소주를 담갔던 나무통에 감을 담아 숙성시키는 대목이 나온다. 이를 보면 술을 이용해 떫은맛을 지우는 방법은 매우 보편적인 듯하다.

❹와 ❺. 과일이 익도록 유도하는 식물호르몬, 에틸렌을 이용하는 방법도 흔히 쓰이는 방법이다. 그러나 땡감이 스스로 숙성되기를 기다리기에는 시간이 너무 오래 걸려, 유통업자들은 에틸렌이나 이와 유사하게 작용하는 물질을 감이 든 상자 안에 넣는다. 카바이드carbide처럼 인체에 유해한 화공약품을 쓰거나 농약에 해당하는 성분을 넣어 문제가 되었던 사례도 있다.

어쨌든 떫은맛을 지우려고 에틸렌을 쓰는 것은 일반적 방법이며, 에틸렌을 방출하는 다른 과일을 쓰는 것은 가정에서도 응용할 수 있는 간편한 방법이다. 흔히 사과를 쓰지만 바나나도 함께 실험해보기로 했다.

❻ 마지막으로 쌀이나 보리쌀에 파묻는 방법이 구전되는데, 이 방법이 어떤 원리로 떫은맛을 없애는 것인지는 짐작하기 어렵다. 그래도 혹시나 하는 마음에 감을 쌀에 묻었다.

실험에 쓴 감은 전남 장성군에서 올라온 것이다. 태풍 볼라벤이 감잎을 많이 떨어뜨려 작황이 좋지 않다는 이야기를 들어 약간 걱정했지만, 감의 상태는 아주 좋았다. 감을 위 방법들을 이용해 흔히 쓰는 플라스틱 밀폐용기에 담아서 5일간 상온에 묵혀 뒀다.

1 제사 때 쓰고 남은 청주를 감꼭지에 뿌린 후 밀폐용기에 넣었다. 알코올을 이용하는 방법이다.

2~3 사과와 감, 바나나와 감을 밀폐용기에 담았다. 과일이 익도록 유도하는 식물호르몬, 에틸렌을 이용하는 방법이다.

4 효과는 의심쩍지만 구전에 따라 쌀에 파묻었다. 완전히 파묻기 전에 찍은 사진이다.

5 모두 플라스틱 밀폐용기에 담아서 5일간 상온에 묵혀 뒀다.

떨떠름한 블라인드 테스트

드디어 5일이 지나고 용기에 담은 감들을 꺼냈다. 일단 사과와 함께 넣어 뒀던 감을 만져 보니 많이 물러졌다. 바나나와 함께 넣은 감은 사과보다 덜했지만 다른 감들보다는 무른 느낌이었다. 된장물을 담갔던 통에는 된장물이 썩어서 그런지 수면에 하얀 더께가 꼈다. 불쾌한 냄새가 나서 감을 꺼내 씻었다. 징조가 좋진 않지만 혹시 불쾌한 냄새의 주인공인 미생물이 숙성에 도움을 줬을 수도 있다고 긍정적으로 생각했다. 소금물도 특이하고 좋지 않은 냄새가 났다. 쌀에 담아둔 감은 별반 변화가 없어 보였다. 청주에 담아둔 감도 약간 물러진 느낌을 제외하면 별 변화가 없었다.

감을 깎다 보니 과육에 검은 점들이 보이기도 했다. 단감 속의 검은 점은 타닌이 불용화한 것일 테다. 시작부터 예감이 좋았다. 감의 달달한 향이 사무실에 퍼져 나갔다. 와인을 평가할 때 이름을 알고 먹으면 선입견이 작용하기에 일부러 블라인드 테스트를 한다고 한다. 마찬가지로 감이 어떤 처리 과정을 거쳤는지 알고 먹으면 선입견이 정확한 평가를 막을 수도 있다.

그래서 6가지 방법으로 만든 감을 A부터 F까지 이름을 매긴 후, 블라인드 테스트하기로 했다. 떫은맛과 아삭거리는 식감, 단맛의 3요소를 0점부터 10점까지 점수를 매겨, 동료들에게 평가와 총평을 부탁했다. 시작부터 격렬한 저항을 보이는 사람도 있었지만, 결국 다들 자리에 앉아 감을 시식하며 평가 항목을 채워 나가기 시작했다. 심사원은 총 4명으로 적은 수여서 다소 아쉬웠지만, 맛을 느끼는 것에 영향을 줄 수 있는 흡연자, 비흡연자 비율이 적절해 나름의 다양성을 갖췄다.

그런데 어째 표정들이 다들 떨떠름했다.

1 선입견을 방지하고자 블라인드 테스트를 준비했다.
여러 방법을 거쳐 만든 감을 깎아서 알파벳을 매기고, 평가표에 적도록 했다.
2 시식하며 평가표를 메웠다.

떨떠름한 표정만큼 떫은맛이 강했나 보다. 시식과 평가가 끝난 후 총점을 내보니 사과와 함께 두었던 감이 종합 평점에서 앞섰고, 식감을 제외한 평가 항목에서는 압도적 우세였다. 청주를 묻혀서 숙성시킨 감이 그 뒤를 이었다. 사과와 술을 이용하는 방법은 인터넷에서 검색되는 비율이 높았던 방법들이기도 하다. 역시, 사람들이 많이 쓰는 데는 다 이유가 있나 보다.

소수의견으로 된장물에 담갔던 것이 아주 좋진 않지만, 그나마 먹을 만하다는 견해가 있었다. 그리고 타닌이 불용화된 흔적이라는 검은 점이 생겼던 감은 좋은 평가를 받지 못했다. 검은 점이 반드시 떫지 않다는 증표를 받진 못한 셈이다.

술을 이용하는 방법은 아마도 시간이 더 필요했던 것으로 보인다. 완전히 물러졌던 사과+감에 비교해 아삭거리는 식감은 비교적 나았지만 약간 물러진 것을 보니, 떫은맛이 사라질 만큼 충분한 시간을 들이면 결국 물러질 것 같다. 결국 빠르게 떫은맛을 없애고 홍시를 만들어 먹는 방법은 사과가 제일 유용한 셈이다.

하지만 굳이 땡감을 단감처럼 먹어야 할 필요는 없다. 곶감처럼 가공한

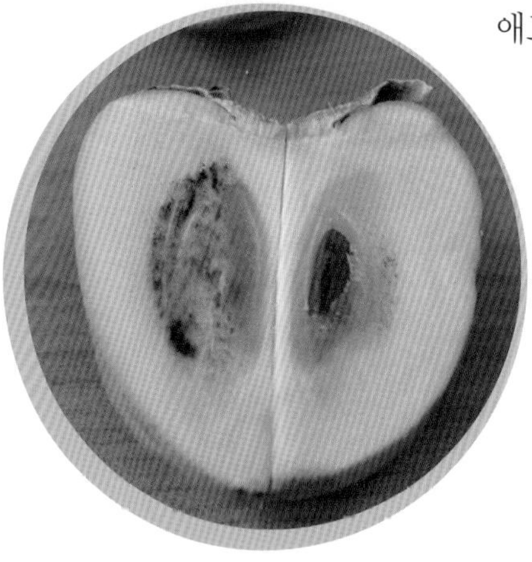

타닌이 불용화된 흔적이라는 검은 점이 생겼던 감이 좋은 평가를 받지 못했다. 검은 점이 반드시 떫지 않다는 증표를 받진 못한 셈이다.

감에도 그 고유의 맛이 있고, 홍시처럼 시간의 흐름에 맛이 더 깊어지기도 한다. 거기에 하나를 더 덧붙이자면, 가을이 다 가기 전에 사람들과 함께 사과를 써서 빠르게 숙성시킨 감을 먹으며 관련 이야기를 나눠보는 것도 또 다른 재미 아닐까.

이번 실험에서 한 가지 해보지 않은 방법이 이산화탄소 처리법이다. 이 방법을 써서 동남아에 수출까지 했다고 언론에 소개된 경북 청도의 한 영농조합에 물어보았으나 자세한 방법을 알 수는 없었다.
1980년도에 일본에서 개발된 처리법에 따르면, 24시간 가스처리 후 20도를 유지하는 밀폐된 공간에서 24시간 가스처리한 후 개봉해 실온에 3일을 놔두면 떫은맛이 사라진다고 한다.

도도한 고양이도
개박하 앞에서는 사족을 못 쓴다?

'고요히 다물은 고양이의 입술에 포근한 봄졸음'이 떠돈다는 이장희 시인의 시처럼 고양이처럼 봄과 어울리는 동물이 또 있을까 싶다. 그 나긋나긋한 자태를 생각하면 키워 보고도 싶지만, 동물을 좋아하는 것과 같이 사는 것 사이에는 하늘과 땅처럼 큰 차이가 있음을 이미 알아버렸다. 그래서 길고양이를 구경하고 종종 사진과 동영상을 보며 키우고 싶은 마음을 달랜다.

그러던 중, 재미있는 사실을 알았다. 개박하*Nepeta cataria*라는 풀을 보면 고양이들이 사족을 못 쓴다는 거다. 그래서 캣닙catnip이란 별칭으로 불리기도 한단다. 인터넷에 돌아다니는 동영상을 보니 고양이들이 그 풀을 뜯고 맛보고 발라당 누워 몸을 비비며 뒹굴기로도 모자라 침을 줄줄 흘리는 모습이 흥미롭다.

개박하반응의 정체

고양이들은 개박하에 왜 이런 반응을 보일까? 국내에 출간된 책 중에서는 생물학 관점에서 고양이를 설명하는 책 『고양이에 대하여』가 개박하반응 연구사를 잘 정리했다. 스티븐 부디안스키Stephen Budiansky에 따르면, 개박하에 보이는 고양이의 행동에는 딱히 목적이 없다. 처음에는 성적 행동으로 여겨졌지만, 수의사인 벤저민 하트가 성적 행동과 무관함을 증명했다. 고양이의 페로몬을 감지하는 후각기관을 잘라내고 실험했는데도 개박하반응은 여전했단다. 다만 후각기관 전체를 마비시키는 실험에서는 반응을 보이지 않았다.

스티븐 부디안스키는 사자와 호랑이 등 다른 야생 고양이과 동물이 보이는 개박하반응을 연구한 결과를 제시하며 흥미로운 결론을 내렸다. 개박하 풀의 원산지는 북미와 유라시아다. 개박하에 별 반응을 보이지 않는 고양이과 야생종은 개박하 자생지역에서 서식하고, 강한 반응을 보이는 종은 개박하가 없는 지역에 많다는 거다. 고양이가 개박하반응으로 얻는 이익은 딱히 없다. 따라서 개박하가 자라는 지역에서는 반응성이 떨어지게끔 진화했다. 다만, 집고양이가 워낙 널리 퍼져 살다 보니 반응 유전자와 무반응 유전자가 뒤섞여 나타났다.

1 봄 햇볕에 낮잠 자는 중인 고양이
2 개박하 (사진: 위키피디아커먼스, Franz Xaver)

그렇다면 집고양이의 개박하반응에도 어느 정도 지역에 따른 반응 차이가 있지 않을까? 이를테면, 아프리카의 에티오피아에 있던 나라 이름 아비시니아에서 유래한 아비시니안 품종의 고양이라면 강한 반응을 보이지 않을까 싶다. 그런데 개박하가 아프리카에도 자란다는 정보가 있다. 개박하는 우리나라 전역에 서식하며, 일본, 중국을 비롯해 중앙아시아, 아프리카, 유럽, 북미에 분포한다현진오, 나혜련, 〈한반도 생물자원〉 포털, 2011고 한다. 집고양이의 원형은 아프리카 들고양이로 여겨지며, 신대륙에 사는 집 고양이는 유럽인들이 옮긴 것이다. 결국 중남미 지역을 제외하면 대부분의 집고양이는 개박하가 자생하는 지역에서 오랜 시간을 살아온 셈이다.

고양이를 홀리는 성분은 개박하에 있는 네페탈락톤(nepetalactone)이다. 모기나 바퀴벌레, 흰개미 등 곤충이 기피하는 물질이라 구충제로 쓰이기도 한다. 개박하가 천적인 곤충을 막기 위해 만든 화학물질인데 엉뚱하게도 고양이가 반응하는 셈이다. 하긴 생각해보면, 담배도 마찬가지다. 강한 살충력이 있는 니코틴을 엉뚱하게도 사람이 피우고 있다.

인터넷 여기저기서 찾은 글에서도 고양이 차이나이, 성별 등에 따른 개박하반응에 대한 정보가 엇갈렸다. 이를테면 성에 따라 차이가 난다는 내용도, 안 난다는 내용도 있었다.

도대체 누구 말이 맞는 건지 모르겠다. 일단 그냥 해보자!

개박하를 말린 제품은 애완동물용품점에서 판다. 기왕이면 개박하 화분을 구해다 주거나 씨앗을 사다가 키워서 주면 좋다지만, 반응에는 큰 차이가 없다고 해서 말린 개박하를 샀다. 다양한 고양이에게 실험해보려고 최근 인기를 끌고 있는 고양이카페에 협조를 구했다. 명동에 자리 잡은 〈고양이 다락방〉에 들어서니 삼색고양이 '보니'가 몸을 비비며 살갑게 반겨 주었다.

고양이를 잘 아는 유현기 대표의 도움을 받아 우선은 개개의 반응을 살피기로 했다. 그는 건네받은 말린 개박하를 그릇에 담아 캣타워에서 쉬고 있던 쥐색에 뚱뚱한 '테리브리티시 숏 헤어, 수컷'와 새하얀 긴 털이 예쁜 '상디터키쉬 앙고라, 수컷'에게 보여 주었다. 녀석들은 '이게 뭔가?' 하는 표정으로 지긋이 보다가 냄새를 맡더니 조금 핥았다.

예상했던 강렬한 반응이 아니었다. 수컷은 별 반응이 없는 걸까? 하지만 그릇을 바닥에 내려놓으니 상디가 내려와 개박하를 탐내고, '고구마아비시니안, 수컷'가 다가왔다. 상디가 개박하에 탐닉하는 고구마를 앞발로 밀쳐내는 모습도 보였다. 나중에 알고 보니 상디는 간식을 줄 때도 드러누워서 입 앞에 간식을 줄 때까지 기다리는 성격이란다. 처음에 개박하에 초연해보였던 인상은 성격을 몰라서 한 오해였다.

조금씩 고양이들이 모여들자 유현기 대표는 넓은 쟁반에 개박하를 담아 내왔다. 고양이들이 모여들어 쟁반에 코를 박았다. 고구마는 눕고 비비고를 반복해 털이 개박하 가루 범벅이 됐다. 처음부터 관심을 보이던 고구마는 숫제 쟁반에 드러눕고 비비기를 반복했다. 고양이들이 눈에 익지 않은 터라, "이 아이는 누구죠?"를 반복하며 보여 주는 행동을 받아 적기에 바빴다.

고양이가 개박하에 반응을 보이는 것은 분명했다. 유현기 대표가 그만 하라며 쟁반에 드러누운 고구마를 치우자 다른 녀석들이 쟁반을

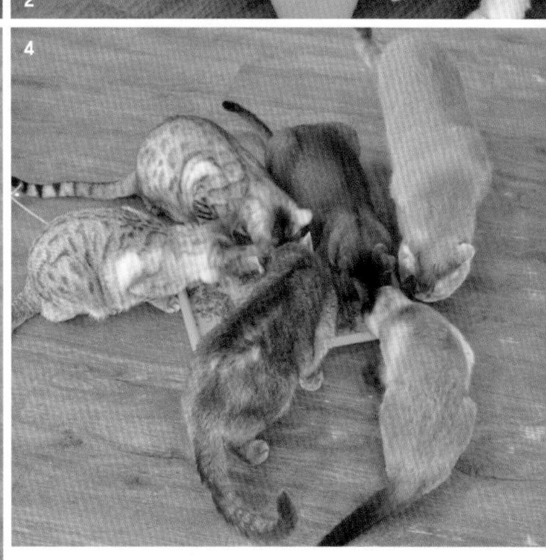

1~2 '상디'는 그릇에 담긴 개박하를 지긋이 보다가 냄새를 맡고 별다른 반응을 보이지 않는 듯했다. 하지만 개박하에 탐닉하는 '고구마'를 앞발로 밀쳐 내는 모습도 보였다. 평소 성격을 몰라서 개박하반응이 없는 걸로 오해했다.

3 개박하에 강한 반응을 보인 '고구마'가 개박하 그릇을 독차지했다.

4 개박하를 담은 쟁반에 모여든 고양이들

차지하고 비슷한 반응을 보였다. 가장 반응이 격렬했던 녀석들은 '페페아비시니안, 암컷, 서열 2위', '아론스코티쉬 폴드, 수컷', '조로아메리칸 컬 숏헤어, 수컷'였다. 고구마까지 포함해 수컷이 다소 많다.

하지만 얌전히 개박하가 담긴 쟁반에 다가와 비비고 핥던 녀석들을 보면 성별에 따른 차이는 없어 보였다. 더군다나 형제지간이라도 반응이 달랐다. 형 아론은 격렬한 반응을 보이는데, 동생 '버기스코티쉬 폴드, 수컷'는 개박하를 먹기는 하지만 귀찮아했다. 좀 받아먹다가 제자리로 돌아가 버렸다.

1~3 개박하반응을 보이는 고양이들. 쟁반과 개박하가 떨어진 바닥에 누워 몸을 비비는 모습을 보였다.

특이한 점은 개박하반응을 보이는 고양이들이 공격적인 성향을 보였다는 점이다. '보아 핸콕실버 벵갈, 암컷'은 손으로 준 개박하를 핥아 먹다가 손을 물기도 했고, 고양이들끼리 치거나 '하악'거리는 등의 다툼이 빈번하게 일어났다. 여기에도 성별 차이나 품종별 차이는 거의 없었다. 유현기 대표에 따르면, 평소에 성격이 거친 녀석이 더 거친 모습을 보여 준다고 했다.

유현기 대표가 개박하를 먹고 기분 좋아진 한 고양이의 대퇴부를 만져 주니 고양이가 엉덩이를 들어 올렸다. 혹시 개박하 때문에 성적

4 바닥에 누워 개박하반응을 보이는 고양이와 멀리서 이를 지켜보는 고양이(왼쪽 위). 같은 품종이고 피를 나눈 모자지간, 형제 사이라도 개체별로 반응에 차이가 있었다.
5 큰 반응을 보이지는 않았지만, 손으로 주면 개박하를 먹는 고양이

행동이 발현된 걸까? 하지만 그는 나의 어설픈 관찰을 바로 기각시켰다. "얘는 원래 이렇게 만지면 좋아해요." 그 옆으로 '초코샴, 암컷'가 만져 달라고 비슷한 행동을 하며 다가왔다. "오늘이 더 심한 것 같긴 하네요." 고양이의 평소 성향이 개박하를 만나면 더 강화되는 것 같다.

홀리는 고양이와 무심한 고양이의 차이는?

미련을 버리지 못하고 반응이 없는 아이들을 찾아보자고 요청했다. 유현기 대표는 근처에 지나가던 '오드리러시안블루, 암컷'에게 손으로 개박하를 줬지만 반응이 없었다. 오히려 잠깐 으르렁거리더니 제 갈 길을 갔다. 다른 고양이들이 개박하반응을 보이니 잠깐 내려왔다가 다시 창가로 올라가 낮잠을 자던 '핑스핑크스, 수컷'은 손으로 개박하를 들이미니 거부반응을 보였다. 스핑크스 품종은 중앙아메리카의 아즈텍 사람들이 키우던 품종 아니던가? 개박하가 없는 곳에서 살던 선조를 가진 녀석이 개박하반응이 없다니.

그러던 중 보아 핸콕이 내 가방을 뒤졌다. 그저 고양이가 '가방 검사'를 하겠거니 생각하고 웃고 있는데, 남은 개박하 봉지가 든 곳에 머리를 들이밀더니 한 봉지를 물고 갔다. 처음에 줬던 개박하로는 부족했나 보다. 유현기 대표가 봉지를 뺏어 들어 올리자 그의 청바지를 올라타면서 강한 집착을 보였다. 그 아래에서는 강한 반응을 보이던 고구마가 눈길을 냈다. 그 모습 덕분에 웃으며 복잡해진 머릿속을 정리하고 〈고양이다락방〉을 나올 수 있었다.

1 낮잠을 자던 '핑(스핑크스, 수컷)'은 손으로 개박하를 들이미니 거부반응을 보였다. 개박하에 초연한 고양이도 많았다.
2 가방에 넣어둔 개박하 봉지를 물고 가는 고양이. 개박하가 모자랐나 보다.

물고 가던 봉지를 뺏어 들어 올리자 청바지를 올라타며 강한 집착을 보였다.

사무실로 돌아와 『고양이 백과사전』앨런 에드워즈, 동학사, 2011을 찾아보니 품종과 개박하반응과는 정말 별 관련이 없는 게 확실해졌다. 중남미의 고대문명 아즈텍 사람들이 털이 없는 고양이를 키웠던 것은 사실이지만 그 혈통은 모두 죽었고, 현재의 스핑크스 품종은 캐나다에서 육종한 것이란다. 결국 모든 품종은 유라시아에서 유래한 혈통이다. 〈고양이다락방〉에서 본 고양이들이 품종과 관계없이 개박하에 홀리거나 무신경했던 점이 설명된다.

혹시나 싶어 나이를 따져 봤더니 1살부터 6살까지의 고양이들 사이에서 특별히 두드러지는 나이대도 없었다. 성별, 품종, 나이 차이와 개박하반응 차이가 일치하는 면이 없으니, 왜 개박하반응에 차이가 나는지 알아보려는 시도는 실패했다. 결국, 최소한 집고양이에게는 개체별로 반응이 달리 나타난다고 결론지을 수 있다. 사람도 술, 담배 등 향정신성 물질에 대한 감수성과 취향이 제각각이듯 고양이도 그런 모양이다.

두루미의 취미는
국악 감상?

"내게 대학생 친구 하나만 있었다면……." 근로기준법을 지키라는 구호를 외치며 몸을 불태운 전태일 열사가 한 말이다. 이 한마디는 당시 피 끓던 대학생들의 마음에 불을 질렀고, 그들을 민주화운동에 나서게 한 계기가 되었다. 전태일 열사의 열망에야 미치지 못하겠지만, 나에게는 항상 아쉬운 게 있었다. "내게 국악인 친구 하나만 있었다면……."

난데없이 웬 국악인이냐고? 우리 고유 음악에 얽힌 생물 이야기는 꽤 다양하지만, 그동안은 시도조차 하기 어려웠다. 이를테면, 「밤에 휘파람 불면 뱀 나온대198쪽 참조」는 속설을 검증할 때 너무도 아쉬웠다. 그 피리가 국악기 피리임을 논증하는 데는 성공했지만, 아는 국악인이 없다 보니 압축손실이 크다는 MP3 음원파일을 재생할 수밖에 없었다. 그러던 차에 한 친구가 가야금 연주자를 소개해줬다.

옛날 옛적, 악기를 연주하면 새가 날아들었으니

소개해준다는 연주자에 대해 궁금한 게 많았지만, 꾹 눌러 참았다. 항상 가슴속에 묵혀 두었던 실험이 있어서였다. 그 실험이란 옛사람들이

악기를 연주하면 학이 날아들었다는 기록과 전설을 검증해보는 것.

삼국사기에는 다음과 같은 기록이 있다. "왕산악이 거문고를 연주하니, 검은 학이 날아들었다." 거문고뿐만이 아니다. 경남 합천 가야산의 학사대에 얽힌 전설도 있다. 신라사람 최치원이 가야금을 타니 학이 날아들었단다. 이런 기록과 전설이 일종의 관용적 표현일지, 어느 정도의 진실을 담고 있을지 궁금했다. 사람과 동물이 같은 음악을 즐긴다니, 상상만 해도 신나는 일. 하지만 이 계획을 진지하게 받아들일 연주자가 필요했다. "재미있을 것 같으니 한번 가보자."는 국악인을 달리 어디서 구할 수 있을까 싶어서 조심스러웠던 게다.

다행히 가야금 연주자 정진희 씨는 이 실험 계획을 아주 흥미로워했다. 소개해준 친구와 어떻게 알게 되었느냐고 물으니, 신원이 확실한 '교회 누나'란다. 그는 민중교회의 성격을 띤 향린교회에서 국악예배단의 일원으로 가야금을 연주해왔다. 국립국악고등학교에서 가야금을 배운 이래로 계속 가야금을 전공으로 삼아왔다는데, 왠지 가야금 연주는 부업이고 여행이 주업인 듯하다. "저 내일 지리산 종주가요. 이번 주는 연락이 잘 안 될 수도 있어요." 티베트 여행을 다녀온 지 얼마 되지도 않았다는데, 또 훌쩍 떠난단다.

음악 감상은 두루미와 함께

연주자 섭외에는 성공했다. 그런데 '학'은 어떤 새일까? 지금은 학 대신 '두루미'라는 국명을 쓴다. 단순히 생각하면 검은 학이란 흑두루미

흑두루미 ©권경숙

다. 하지만 옛사람들은 백로, 황새, 두루미 같은 비슷하게 생긴 물새 종류를 통틀어 학이라고 불렀을 가능성도 있다. 생물학 종 분류를 따르는 요즘과 다르게, 예전에는 삶과 직접적인 관계가 없는 생물을 생김새가 비슷한 것끼리 묶어 한 이름으로 뭉뚱그려서 부르는 경우가 많았다.

현재도 중국 흑룡강성 지역 농민들은 황새와 백로를 구별하지 않고 바이구안白鸛이라 부른다고 한다. 새를 분류학자 수준으로 정확히 구분했던 파푸아뉴기니의 원주민 사례도 있으나, 그들은 먹거나 장식용으로 쓰는 등 새가 생활에 긴요했던 수렵채취민이라 농경민족이었던 우리와는 다르다.

최치원에게 날아들었다는 학이 혹시 백로였을까? 고구려 사람인 왕산악에게 날아들었다던 검은 학이란 어쩌면 이북 지역에 번식했던 기록이 있는 먹황새일지도 모른다. 여름철새지만, 언제부턴가 겨울에도 우리나라에 머무는 백로나 왜가리는 황새목이다. 황새목이란 이름에서 알 수 있듯이 드문 겨울철새인 황새와 먹황새도 황새목에 속한다. 반면, 두루미와 흑두루미는 두루미목이다. 다른 분류군이면 음악에 대한 감수성도 다를까? 『새는 왜 노래하는가?』에서는 미국 국립조류동물원에서 즉흥연주를 해본 경우를 소개하고 있는데, 백로류와 노랑부리저어새류 등은 별 반응이 없었다고 한다.

"두루미요? 청력이 그다지 좋진 않을 걸요?" 때마침 만난 새 연구자 김성현 박사가 고민을 더 크게 만들었다. 간단히 생각하면 노래를 잘 부르는 새들이 음악에도 잘 반응할 것이다. 잘 들어줄 상대가 없다면, 노래를 잘 부를 이유가 없을 테니 말이다.

그렇다면 여태껏 언급했던 새 중에서는 그나마 두루미가 낫다. 두루미는 짝에게 구애하며 이중창을 한단다. 반면, 황새는 부리를 맞 두들겨 소리를 낸다. 백로가 우는 소리는 들어 본 적이 없고, '으악~'하는 왜가리의 소리는 화음을 갖춘 소리라 보기 힘들다. 그래서 구애할 때 암컷과 수컷이 합창하는 검은 학, 흑두루미에게 가야금 연주를 들려주기로 했다.

청중 없는 천수만 연주회

"제가 보기에 성공할 확률은 0퍼센트예요." 이번 실험을 도와준 권경숙 씨가 서한수 씨에게 들었다는 말이다. 서한수 씨는 한때 자연 다큐멘터리스트였는데 새를 좋아해서 새가 많은 천수만에 아예 펜션을 짓고 산다. 그의 펜션에 짐을 풀고 주변을 둘러보니 온통 넓은 논이다. 오늘 아침에는 앞 논에 황새가 두 마리 왔었단다. 황새에게도 실험할 수 있을까 싶었는데, 새 사진 찍는 이들에게 방해를 받았는지 금방 떠났다고 한다. 그의 사람 좋은 웃음과 함께 "접근조차 쉽지 않겠지만, 잘 다녀오라."는 말을 들으며 실험에 나섰다. 1퍼센트의 확률을 믿으며.

권경숙 씨가 점찍어둔 장소는 천수만 A지구, 간월호에 흘러드는 와룡천을 거슬러 올라가는 곳이다. 트럭들이 다녀서 울퉁불퉁한 비포장도로를 차로 달리니, 여기저기서 작은 새들이 포르륵 날아다녔다. 황조롱이와 말똥가리 같은 맹금류도 정지비행을 했다가 저공비행을 했다가 하면서, 처음 새 보러 다니는 정진희 씨를 신나게 했다. "어휴, 예전 천수만은 마땅한 지형지물이 없어서 헤맨 적도 많았어요." 권경숙 씨 말처럼, 가도 가도 비슷해 보이는 논이었다. 그래서인지 흑두루미 한두 가족이 종종 찾는다는 '컨테이너와 간이화장실'이 오히려 눈에 잘 띄었다.

"저기 흑두루미가 있어요. 이 길로 가면 되겠어요. 천천히. 더 천천히. 부드럽게 운전해야 새가 안 놀라요." 권경숙 씨의 주문대로 운전을 해보지만, 초보운전자가 울퉁불퉁한 길을 부드럽게 운전하기란 쉽지 않았다. 4마리로 이루어진 흑두루미 한 가족이다. 아비로 보이는 한 마리가 고개를 들어 우리를 경계하고 아직 색이 얼룩덜룩한 새끼는 논바닥을 부리로 콕콕 쪼며 먹이활동에 여념이 없었다.

150미터 거리에서 흑두루미 방향으로 창문을 열고, 위장막을 씌웠다. 그리고 정진희 씨가 가야금 산조를 뜯기 시작했다. 잔잔한 가야금 선율이 퍼져나갔다. 3분이 지났을까. 그들 중 두 마리가 잠시 선채로 날갯짓을 했다. 가야금 소리에 반응한 것일까? 하지만 그 이후로는 그런 행동을 볼 수 없었다. 아무래도 어떤 의미를 부여하기는 힘들 것 같다. 좀 더 가까이 접근하려 했지만, 그들은 목을 앞으로 비스듬히 뻗더니 멀리 날아가 버렸다.

논 건너편으로 검은목두루미머리와 목이 흰 흑두루미와 달리 목 앞부분이 검으며, 우리나라에는 다른 두루미와 섞여 극소수가 겨울에 날아온다가 섞인 가족 5마리가 보였다. 역시 차로 슬금슬금 접근해 시도했는데, 가야금 소리에 반응을 보이기보다는 천천히 먹이를 먹으며 성큼성큼 멀어져 갔다. 이후 2차례의 시도에서도 별 반응을 얻어 내지 못했다. 그래도 실망하기에는 일렀다. 저녁이 되면 천수만에서 겨울을 나는 모든 흑두루미가 모이는 모래톱 잠자리가 있단다. 가야금 연주를 들려줄 좋은 기회가 될 것 같았다.

해가 지기 전, 새들이 모여 잠을 청하는 물 가운데 모래톱 근처에 자리를 잡고 기다렸다. 사람이 접근하기 힘든 위치라 새들이 안심하고 자기 위해 저녁마다 모여드는 곳이다. 기러기 떼는 이미 이동하기 시작했다. 예전에 비하면 60퍼센트 정도 밖에 남지 않았다는 기러기지만, 한 곳으로 모여드니 정말 장관이었다. 끝없이 이어지는 기러기 무리의 V자 대형에 슬슬 질려갈 무렵, 반가운 소리가 들렸다. '뚜루룩~ 뚜루룩~' 우는 소리만 듣고도 누군지 바로 알 수 있는 흑두루미 무리였다.

슬슬 실험해야겠는데 거대한 새 무리는 도무지 잠들 줄을 몰랐다. 다들 지지 않겠다는 듯 입을 모아 소리를 냈다. 어선 한 척이 모래톱

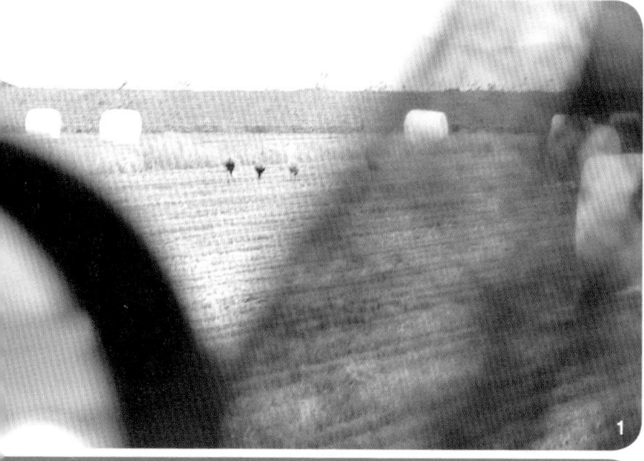

1 멀리 4마리로 이루어진 흑두루미 한 가족이 보였다. 흑두루미 방향으로 차 창문을 열고, 위장막을 씌운 후 슬금 슬금 접근해 가야금 산조를 들려줬다.
2 가야금을 연주하는 정진희 씨
3 천수만의 물새들이 잠을 청하는 간월호 모래톱
4 잠자리로 모여드는 흑두루미 무리. 뒤로 가지런히 뻗은 다리의 실루엣과 '뚜루룩~뚜루룩~' 우는 소리로 쉽게 알 수 있다.
5 잠자리에 안착한 새를 상대로 연주했지만, 우리가 있던 둑으로 새가 날아올 기미는 보이지 않았다.

ⓒ권경숙

가까이 지나가서 방해받은 걸까. 30분쯤 지나 연주를 시작했다. 해가 거의 진데다 구름이 많아 날이 어두운 상황. 20분이 넘도록 연주했으나, 우리가 있던 둑으로 모래톱에 앉은 새가 날아올 기미는 보이지 않았다. 아쉬운 하루의 실험을 마치고, 숙소로 돌아와서 새 이야기에 열을 올렸다.

문제는 음악 취향이 아니라 마음의 거리일지도

"아마 학이 백로 아니었을까요? 겨울은 추우니 야외에서 가야금 연주를 하긴 어렵겠고, 정자 같은 데서 여름에 연주했겠지요." 아침, 궁리포구에서 대백로 대여섯 마리를 보니 어젯밤에 들었던 서한수 씨의 말이 새삼 떠올랐다. 물이 많이 빠진 가운데, 붉은부리갈매기와 괭이갈매기 등 갈매기 다수와 대백로 7마리가 섞여 있었다. 필드스코프를 챙겨온 권경숙 씨가 저어새 한 마리를 찾아 보여 준다. 정진희 씨는 "와~ 정말 부리로 저어서 먹네."라며 마냥 즐거워했지만, 내 마음은 이미 대백로에게 가고 있었다.

돌이 많은 모래 갯벌 끄트머리까지 나아가 다시 연주를 시작했다. 푸른 하늘과 바다가 넓은 갯벌과 맞닿은 사이에 있던 새들이 가만히 앉아 쉬거나 먹이를 먹고 있었다. 거기에 가까이 다가간 정진희 씨가 가야금 연주를 하니 나름 그림이었다.

그런데 새들은 그의 마음을 모르는지 점점 멀어져 갔다. 살펴보니 갯일하러 나온 주민들이 새 쪽으로 가고 있었다. 아쉬운 마음이 컸던지, 그는 새들이 멀어졌으니 그만 하자는 말에도 아랑곳없이 몇 분을 더 연주했다. 흑두루미를 보러 가는 길에 와룡천에 깃든 대백로에게 두 차례 더 시도했지만, 슬슬 멀어지기만 했다. "새들아, 해치지 않아." 라고 하소연하듯 말하는 그가 안타까웠다.

어제 한번 해봤다고 탐조 운전에 익숙해진 걸까? 4마리의 흑두루미 가족에 50미터까지 접근할 수 있었다. 연주를 시도해볼 틈 없이 고개를 비스듬히 앞으로 내밀더니 몇 번 발을 구르며 날아가 버리긴 했지만. 권경숙 씨는 그래도 우리가 어제 봤던 녀석들에게 익숙해진 것 같다고 했다. 하지만 익숙해진 것은 그 가족뿐이었나 보다. 그 이후로도 한 차례 더 다른 흑두루미 가족에게 가야금 연주를 들려줬지만, 아까처럼 가까이 접근하기란 쉽지 않았다. 어쨌거나 아름다운 천수만에서 듣는 가야금 선율은 듣기에 참 좋았다. 사람만 듣기에는 아쉬울 정도로.

궁리포구에서 대백로를 대상으로 연주했다.
붉은부리갈매기와 괭이갈매기 등 다수의 갈매기와 대백로 대여섯 마리가 섞여 있었다.

ⓒ권경숙

마지막으로 본 흑두루미 무리

흑두루미는 전 세계에 약 1만 1,500마리가 살며, 그중 한국과 일본에서 8천여 마리가 겨울을 난다. 8천여 마리 중 대부분이 일본 이즈미 지역을 최종 기착지로 삼고, 한국의 월동지를 중간 기착지로 삼는다. 흥미로운 사실은 이즈미에서는 사람에게 곁을 잘 내주는 편인데, 우리나라에서는 사람과 거리를 둔다는 거다.

동물은 '사람에게서 이 정도 떨어져 있으면 안전하다.'고 여기는 거리 감각이 있다. 그런데 같은 흑두루미가 이즈미와 달리 천수만에서는 거리를 잘 안 준다. 그들은 우리나라가 안전하지 않다고 여기는 셈이다. 어쩌면 옛 선인들이 살던 시대에는 새가 느끼는 '안전거리'가 훨씬 짧아서 연주를 들으러 왔던 게 아닐까? 그들만의 안전거리를 넘어서며 실험했다고 생각하니, 새삼 힘겨운 겨울을 나는 천수만의 흑두루미에게 미안해졌다.

그들에겐 무언가
특별한 것이 있다?

개미귀신도 빠지면
큰일 나는 개미지옥

개미귀신은 나에게 미지의 생명체였다. 백과사전을 뒤지며 주변의 동물을 찾는 것에 재미 붙였던 어린 시절, '귀신'이라는 흥미로운 이름에 호기심을 느꼈다. 깔때기 모양의 함정을 파서 개미를 잡아먹는 생태도 어찌나 신기한지. 하지만 주변에서 개미귀신을 찾으려고 눈에 불을 켜고 동네를 돌아다녔는데도 단 한 번도 보질 못했다. 그러다 마침 모래언덕에 개미귀신이 많다는 굴업도에 갈 일이 생겼다. 어릴 때 풀지 못한 호기심을 풀어 볼 좋은 기회다.

반갑다, 개미귀신아!

굴업도의 마을 근처 해안. 곰솔림이 시작되는 지점의 모래에 깔때기 모양으로 생긴 함정개미지옥이 줄 지어 있는 것을 찾았다. 개미귀신이 파놓은 함정인데, 생각보다 작았다. 커봐야 지름 6센티미터 정도 될까.

정말 개미귀신이 있나 쭈그려 앉아 고개를 숙이고 뚫어져라 쳐다봤다. 저려오는 다리를 참고 노려보니 마침내 조그맣고 까만 지푸라기 같은 게 모래를 톡톡 튕겨내는 것이 보였다. 모래를 파헤쳤다. 개미귀신이었다. 살짝 보였던 건 개미귀신의 턱이었다. 개미귀신도 생각했던 것보다 작았다. 새끼손톱에도 못 미치는 크기와 비교하면 함정은 그리 작은 편이 아니었다.

개미귀신이 함정에 빠져 버둥거리는 개미에 모래를 뿌려 더 미끄러뜨리고 턱으로 잡아서 체액을 빨아먹고는 남은 껍데기를 휙 던지는 광경을 보고 싶었다. 그런데 개미귀신 함정은 꽤 많은데 개미들은 그림자조차 없다. 살펴본 함정 30여개 중 하나에 죽은 개미 한 마리가 보일 뿐. 이게 어찌된 일일까? 개미귀신의 성충은 명주잠자리다. 어미 명주잠자리가 알 낳을 장소를 잘못 선택해서 많은 개미귀신들이 굶어 죽을 위기에 처해 있는 건 아닐까?

『숲에 사는 즐거움』을 읽어 보니 그들은 매우 느긋하게 산단다. 매일 개미를 준 녀석과 굶긴 녀석을 두고 행동 차이를 관찰하려 했는데, 굶긴 녀석이 함정을 포기하고 자리를 옮기기까지 한 달이 걸렸다니 말이다.

굴업도 마을 근처의 모래언덕에서 찾은 개미귀신

배에서 천둥소리가 나는 통에 관찰을 포기하고 일어서려니, 그들의 삶이 살짝 부럽기도 했다. 잡아서 살펴본 개미귀신을 놓아 주니 슬슬 뒷걸음치면서 배 쪽부터 모래 속으로 파고들었다.

함정을 피하는 본능

개미귀신을 다시 만난 것은 평창강에서다. 물과는 약간 거리가 있는 모래 바닥에 그들의 집이 있었다. 개미귀신을 잡아 살펴보고는 다른 함정으로 던지니 급하게 버둥거렸다. 함정의 주인인 다른 개미귀신에게 공격을 받고 있는 듯 했다.

채집 후 운반 과정에서 개미귀신이 동족을 잡아먹는다는 사실을 더 명확하게 알 수 있었다. 작은 병에 모래와 개미귀신 3마리를 넣어서 사무실로 가져왔는데, 큰 녀석만 살아 있고, 작은 두 녀석은 배가 쪼그라든 채 죽어 있었다. 개미귀신은 곤충의 체액을 빨아먹는다. 범인은 이 안에 있다.

동족을 먹는 동물에 대한 이야기는 많다. 짝짓기 중 수컷을 잡아먹는 사마귀 이야기는 잘 알려졌다. 올챙이들도 먹을 것이 없으면 종종 동족살해가 일어난다. 개미귀신은 왜 동족을 잡아먹을까?

사람들은 이들이 개미를 잡는 교묘한 모래 함정을 판다는 사실에 감탄하지만, 결코

큰 녀석만 살고, 작은 두 녀석은 배가 쪼그라든 채 죽어 있었다. 동족끼리도 잡아먹는다.

쉬운 사냥법이 아니다. 자연에서 함정에 빠진 개미와 개미귀신의 생사를 건 승부를 보는 건, 운이 좋아야 가능한 일이다. 개미가 좀처럼 함정에 잘 빠지지 않기 때문이다. 이렇게 포식 기회가 적으니 동족이든 아니든 함정에 빠져 버둥거리는 생물은 일단 물고 보는 게 적절한 행동일지도 모른다.

개미귀신의 함정들은 서로 가까이에 있다. 이동 중에 빠져서 허우적대면 저승길일 게 뻔하다. 개미귀신은 앞으로 가지 못하고 뒷걸음질만 칠 수 있기 때문에, 함정에 빠지면 상대의 강한 턱에 통통한 배를 내주기 십상이다. 따라서 이런 함정을 만나면 피하려고 할 것이다. 앞서 참고했던 책에도 개미귀신이 그런 행동을 보인다고 짧게 언급되어 있다.

그렇다면 어떤 감각으로 함정을 피하는 걸까. 상상할 수 있는 여러 방법이 있겠지만, 지나다니는 길과 함정의 경사 차이를 감지하는 게 가장 간단한 방법이 아닐까 싶다. 개미귀신이 살던 모래밭은 바람이나 동물이 만든 여러 굴곡이 있어 평평하지 않다. 이를 다 함정으로 여기고 피해 다닌다면 함정을 한번 옮기는 게 지리산 종주처럼 큰 일이 될 것이다. 그러나 실제 개미귀신의 함정은 다른 굴곡들과 달리 모래가 쉽게 무너질 만한 경사를 유지한다. 개미귀신은 이러한 경사 차이를 감지하며 함정인지 아닌지를 판단하는 것으로 보인다.

개미귀신의 시간은 느긋하게 흘러간다

종이를 잘라서 경사로를 만들어 봤다. 각도를 재서 15도부터 45도의

1 도드라지는 개미귀신 큰턱
2 개미지옥에 걸려든 일본왕개미. 개미귀신은 함정에 걸려든 곤충의 체액을 빨아먹는다.

종이 경사로를 만들고 여기에 개미귀신을 올렸다. 개미귀신이 들어섰다가 주춤하고는 다시 돌아서 뒷걸음질 쳐 나온 것은 35도 경사였다. 여러 번 다시 시도했는데 재연은 쉽지 않았다. 아무래도 사람의 손을 타 스트레스를 받아서인지 경사를 빠르게 내려가는 모습도 보였다. 35도와 45도에서는 열 번 중 두 번꼴로 뒤돌아 나오는 행동을 보였고, 25도 이하에서는 그런 행동을 보이지 않았다. 어떤 결론도 내리기 애매하다.

1 위에서 본 개미귀신. 오른쪽 작은 녀석은 평창강에서 잡았다.
2 35도 경사에 들어섰다가 주춤하고는 다시 뒷걸음질 쳐 나오는 개미귀신
3~4 개미귀신은 다리 구조 상 앞으로 가지 못하고 뒤로 걷는다.
5 명주잠자리. 한동안 잊고 내버려 두었던 개미귀신이 우화했다.

실험은 개미귀신이 의도대로 움직여 주지 않아서 쉽지 않았다. 관찰에서도 마찬가지였다. 개미를 먹는 장면을 보려고 여러 번 시도했지만 민감하고 느긋한 녀석이라 뜻대로 되지 않았다. 어렵게 본 사냥 광경에서 개미귀신의 영명이 왜 개미사자Ant Lion인지 이해가 갔다. 느긋하다는 점에서 세렝게티 초원에서 늘 퍼질러 누워 자다가 기회가 오면 번개처럼 사냥하는 사자와 비슷하달까.

함정을 파고 기다리는 이들의 느긋한 삶을 제대로 들여다보려면, 관찰자 역시 흐르는 시간에 초연해야 할 것만 같다.

이끼를 바르면
새살이 솔솔?

광고의 힘이겠지만, 피부가 트거나 어딘가에 긁혀 상처가 나면 "새살이 솔~ 솔~" 돋는다는 모 연고가 떠오른다. 언제부턴가 제약회사는 이 연고에 식물 성분을 쓴다고 광고한다. 혹시 그 식물 성분이 세균감염을 막는 걸까? 성분표를 찾아보니, 아프리카 민간요법에서 쓰이며 상처 복원력을 높이는 센텔라 아시아티카*Centella asiatica* 추출물이 들어 있다. 항생제로 널리 쓰이는 네오마이신도 함유되어 있다. 항생물질항균물질은 미생물을 죽이거나 번식을 막는 물질이고, 항생제는 이런 물질들을 정제해 약으로 만든 것이다.

그렇다면 자연계에는 항생물질이 없을까? 사실 항생제의 기원은 자연이다. 유명한 페니실린을 보면, 실험 재료가 실수로 푸른곰팡이에 오염되어 발견됐다. 네오마이신 역시 방선균의 일종에서 추출된 항생제다. 균이 다른 균과 싸우려고 만든 물질 덕분에 세균과의 싸움에서 밀리지 않는다. 하지만 기존 항생제에 내성을 가진 균들이 계속 생기므로, 자연에서 새로운 항생물질을 찾으려는 노력도 계속된다. 나도 이런 노력에 동참해보기로 했다.

약국에서 항생제가 든 약품을 사다 써도 좋지만, 기왕이면 주변에 흔한 자연물을 이용해 상처에 쓸 수 있다면 가정에서 쓰기에 더 좋을 듯하다. 문득 어릴 적 입술이 트면 꿀을 발랐던 기억이 났다. 그래서 효과가 좋았는지는 잘 기억나지 않지만, 꿀은 친숙한데다가 여러 가지 생리활성물질을 함유해 건강증진에 도움 된다는 의견이 많은 천연물이다.

이집트 고분에서 바로 먹을 수 있을 만큼 보존 상태가 좋은 꿀이 나왔다는 이야기도 있다. 꿀이 정말 효과가 있다면 설탕과는 특성이 다를 테니, 설탕이 들어가지 않은 꿀을 지인을 통해 구했다.

과학에세이 『별빛부터 이슬까지』에는 예전 유럽의 마구간지기가 말의 상처에 이끼를 으깨어 발랐다는 내용이 나온다. 그러고 보니 이끼가 썩는 모습을 본 적이 없다. 이끼도 항생물질을 만들어 낼까? 책에서는 중국이나 북미 원주민, 뉴질랜드 마오리족까지 이끼를 상처에 바르는 용도로 써왔다고 한다. 물이끼가 가장 효과가 좋다지만, 도시에서는 물이끼를 찾기란 힘들다.

다행히도 저자는 다른 이끼 역시 효과가 있으며, 효과가 없으면 가짜라고까지 장담했다. 그래서 회사 근처 길가에서 솔이끼류와 우산이끼류를 채취해 살펴보기로 했다. 또한 흔히 항균 능력을 지녔다고들 하는 솔잎도 동네 공원에서 따왔다.

이들에 항생물질이 있는지 실험하고자 한천agar을 이용한 고체 배지배양액를 만들기로 했다. 한천은 소화가 어렵고 미생물 대부분이 먹

1 솔잎 **2** 우산이끼 **3** 솔이끼

을 수 없으며 반투명하니 세균을 배양해 살펴보기에 좋다. 과학기자재상에서 파는 한천가루와 정제수, 세균에 줄 먹을거리 등을 적정비율로 섞어서 끓인 후 식히면 된다. 물과 한천가루의 적정 비율은 각 제품 용기나 제조사 홈페이지에 나와 있다.

여기서는 매우 간단하게 실험했지만 실제 실험실에서 이루어지는 과정은 좀 더 복잡하다. 특정세균을 얻으려고 세균에 줄 먹을거리를 좀 더 세심하게 고안하고, 고압멸균기를 써서 철저하게 멸균해 무균환경에서 배양한다. 특정유전자를 삽입한 균만 골라내려고 항생제에 내성을 갖는 유전자를 삽입한 후 항생제를 섞은 배지에 배양하기도 한다. 하지만 이번에는 어떤 균이든 빨리 증식되기를 원해서 이런 절차를 생략했다.

사람의 몸을 먹이로 삼는 세균을 위해 돼지고기를 끓인 정제수에 한천가루를 풀고 가스스토브를 이용해 가열했다. 식힌 한천을 얇고 넓은 페트리접시에 부었다. 굳기를 기다리며 채취한 솔이끼, 우산이끼, 솔잎을 정제수와 함께 믹서로 간 후 한천 배지 중앙에 발랐다. 다음에는 그 주변에 세균을 뿌려야 한다. 세균들이 많으리라고 예상되는 싱크대 하수 구멍에 고인 물을 담아 분무기로 뿌렸다.

실험은 쉽지 않아

세균이 증식하려면 온도가 적절해야 하는데 요즘은 춥다. 일정한 온도를 유지해주는 장비가 있으면 좋겠지만, 아쉬운 대로 전기장판과 담요를 이용해 따뜻하게 유지했다. 이틀이 지나자 희거나 엷은 갈색을 띠는 점들이 보였다. 균이나 균류가 증식해 무리를 이룬 것이 마치 점처

1 실험 도구와 재료들. 한천가루, 돼지고기를 정제수에 끓여 얻은 물
2 한천가루와 돼지고기를 정제수에 끓여 얻은 물을 적절한 비율로 섞어 끓인 후 식힌다.
3 식혀서 얇고 넓은 실험용 용기에 부어 굳혔다. 여기에 솔이끼, 우산이끼, 솔잎을 정제수와 함께 믹서로 갈아서 배지 가운데에 발랐다.
4 그 주위에 싱크대 하수 구멍에 고인 물을 담아 분무기로 뿌렸다.

럼 보이는 것이다. 하지만 항생물질이 있을 거라고 추측되는 물질을 바른 곳은 아직 깨끗했다.

3일째에는 점들이 더 커지고, 솔이끼와 우산이끼 추출물을 바른 곳에도 미생물이 침입하기 시작했다. 5일째가 되자 특히 우산이끼 추출물을 바른 곳은 완전히 썩었다. 말의 상처에 썼다는 이끼는 항생물질보다도 회복을 돕는 물질을 함유하고 있어서 효과를 보았던 걸까?

솔잎 추출물을 바른 곳에는 미생물 침입이 미미하다고 생각했지만, 자세히 보니 점이 생겼다. 반면, 꿀을 바른 배지는 깨끗했다. 그렇다고 꿀에 확실히 항생물질이 있다고 해석하기에는, 실험 전에 생각하지 못했던 부분이 있다.

음식물을 소금에 절이면 균의 증식을 막을 수 있는데, 이는 설탕도 마찬가지단, 농도가 높아야 한다다. 따라서 꿀의 항균 능력을 알아내려면 꿀과 같은 농도의 설탕물로 대조군을 만들어 실험해야 했다. 왠지 그렇게 실험했다면 꿀과 고농도의 설탕물 간에 큰 차이가 없었을 것 같다.

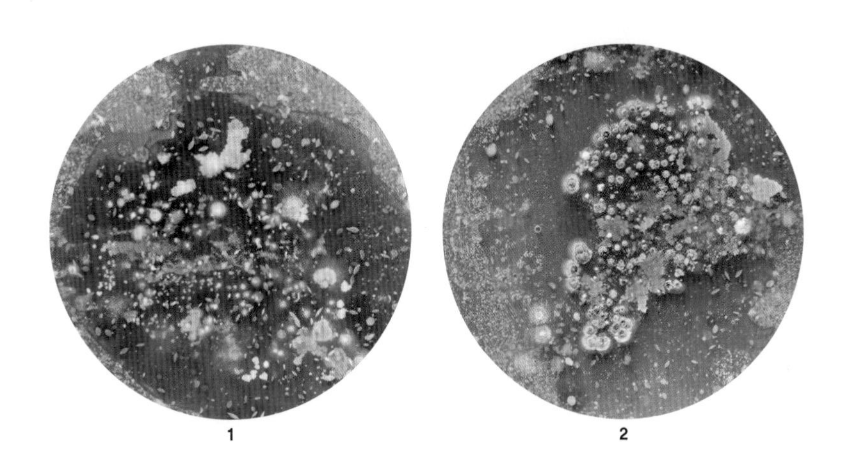

1 2

제대로 하자면 꿀에서 항균 능력이 있는 물질을 분리해야 할 텐데, 그러는 순간 이미 가정에서 할 수 있는 수준은 넘어선다.

지금까지 살펴본 바로는 이끼와 솔잎은 항균능력이 없거나 확실한 성능을 기대하기 어렵고 꿀은 미심쩍다. 항생제는 의사의 처방을 받아 약국에서 사자.

1 솔이끼 물을 바른 배지에 균이 증식했다.
2 우산이끼의 경우, 확실히 썩었다.
3 솔잎 물을 바른 배지는 비교적 양호하나 균이 증식했다.
4 꿀의 경우는 균이 증식한 흔적 없이 깨끗했다.

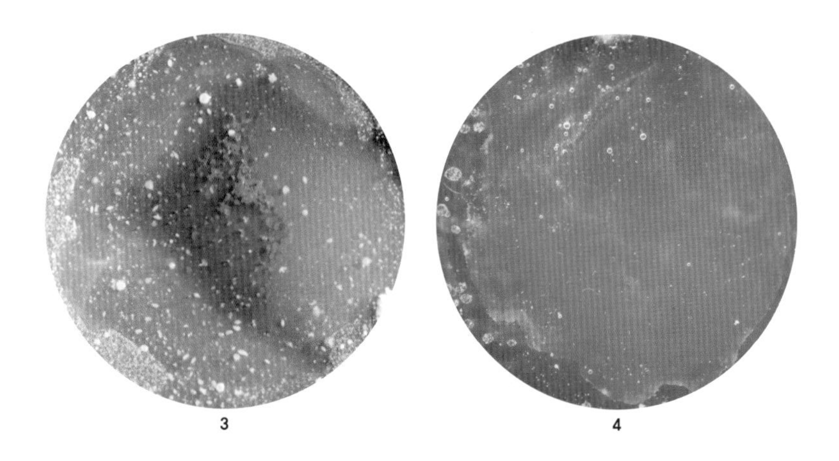

수억 년을 버텨온 '꼼장어'의 비결

꼼장어는 구우면 냄새도 좋고 꼬들꼬들하니 씹는 맛도 좋아서 즐겨 먹는 생선 중 하나다. 본래 지갑 같은 피혁 제품을 만드는 데 가죽만 이용하고 버려지던 것을 해방 후 귀국한 재일교포들이 싼 값에 구워 팔면서 인기를 끌기 시작한 것이라고 한다.

널리 알려진 꼼장어라는 이름은 부산 방언이다. 적을 때는 곰장어라 적지만, 짜장면을 자장면이라 읽으면 맛이 안 나듯 곰장어라 부르면 역시 맛이 안 난다. 꼼장어의 국명인 먹장어는, 국립수산과학원에서 발간한 수산물 이야기 책『수변정담』에 따르면 깊은 바다에 살다 보니 눈이 멀었다 해서 붙여진 이름이라고 한다.

끈적끈적한 바다의 청소부

최근에는 수요를 충당하고자 먹장어를 외국에서 수입하기도 한다. 한 도매업체의 홈페이지를 보니 일본산, 미국 서부 해안산, 미국 동부 해안산 등 다양한 산지에서 수입하고 있나 보다. 먹장어는 세계적으로 43종이 있으며 모두 바다에서 산다고 알려진다. 홈페이지를 보니 수입산 중에서는 뉴질랜드산이 크고 굵으며 맛이 좋아 왕꼼장어라 부른다는 설명이 눈에 띈다. 그러고 보니 우리가 흔히 먹지만 생태는 잘 알려지지 않은 먹장어에 대한 연구 결과가 뉴질랜드 연구진에게서 나왔다.

비디오카메라로 심해 생물의 행동을 관찰한 연구로 2011년 10월 네이처 온라인판에 게재된 뉴질랜드 연구진의 논문 「먹장어의 포식행동과 점액방어메커니즘 Hagfish predatory behaviour and slime defence mechanism」에 따르면, 먹장어는 상어나 큰 물고기 등 천적이 자신을 공격할 때 순간적으로 점액을 분비한다. 그러면 먹장어를 물었던 천적은 황급히 먹장어를 뱉는다. 먹장어의 점액질은 바닷물을 빨아들여 팽창하는 성질이 있어서 천적의 아가미에 들러붙기 때문에 훌륭한 방어 수단이 된다.

또한 주로 죽은 동물의 사체를 먹는 것으로 알려진 '심해의 청소부' 먹장어가 작은 물고기 같은 먹이를 찾으면 흡반을 붙인 후 점액을 이

용해 질식시켜 잡아먹는다는 사실도 흥미롭다.

한국과 일본 근해에 사는 먹장어들도 이런 행동습성을 가지고 있을까. 관심이 생겨서 먹장어와 먹장어의 점액에 대해 더 살펴보던 중 압도적인 숫자를 발견했다. 자연계의 동식물에서 공학적인 힌트를 얻은 사례와 성과를 소개하는 책 『바이오미메틱스』에 따르면, 먹장어 점액은 체중의 2만 6천 배에 해당하는 물을 흡수한다고 한다.

일회용 기저귀에 쓰이는 고흡수성 수지super absorbent polymer가 최대 1천 배의 물순수한 물의 경우을 흡수한다니 그와 비교해보면 먹장어 점액의 흡수력은 어마어마한 것이다. 선뜻 믿기지 않는 이야기다.

먹을 때는 쉽지만 실험할 때는 어려운 '꼼장어' 찾기

먹장어 점액을 구해 확인해보기로 했다. 『바이오미메틱스』에 나온 두 개의 관련 문헌 중 점액 채취방법을 명시한 논문을 보니, 먹장어에게 전기 자극을 주어 분비된 점액을 미세한 주걱으로 채취했다고 한다. 먹장어를 전기로 고문할 만한 장비는 없지만 장비 탓만 하며 구글이 던져 주는 자료에만 만족할 수도 없는 일. 어쨌든 스트레스를 주면 나올 점액이니 먹장어 소비 대국인 우리나라의 여건을 잘 활용하면 될 터다.

처음에는 '산꼼장어'가 주 메뉴인 음식점에서 먹장어를 시킨 후 협조를 구해 먹장어를 잡기 전 점액을 채취해서 실험해보려고 했다. 하지만 처음 들른 음식점에서는 물에서 꺼내면 점액이 안 나올 거라며 수조에 엉킨 점액질을 걷어 주더니 결과가 나오면 알려 달란다. 이미 물에 퍼져 있는 점액으로 결과를 알 수도 없고……. 난감하다.

그다음에 들른 두 군데의 음식점에서는 반응이 더 나빴다. 어찌하나 고민하다가 노량진 수산시장을 향했다. 각종 활어와 생선들이 즐비한 곳이지만 '산꼼장어'를 취급하는 가게는 드물어서 물어물어 찾을 수 있었다. 번거로운 요청에도 협조해주신 노량진수산시장 거해수산 김순희 씨께 지면을 빌어 감사드린다.

실험의 취지를 설명해드리자, 뜰채로 수조의 먹장어를 뜨더니 양푼에 담고 수조의 물을 한바가지 넣고 고무장갑을 낀 손으로 먹장어를 막 휘저었다. 물을 얼마나 흡수하는지 알아보려고 한다고 추가 설명을 하며 물을 안 넣고 해주십사 했지만, 물 안 넣으면 안 나온다며 계속 그렇게 하고는 가져간 지퍼팩에 분비된 점액을 담아 주셨다.

이미 아는 결과이긴 했지만 실제로 눈앞에서 펼쳐진 광경은 놀라웠다. 뜰채로 건졌을 때부터 끈끈함이 느껴지던 먹장어들은 순식간에 한 바가지의 물을 투명한 점액질로 만들었다. 점액을 들어내니 먹장어까지 점액에 끌려왔다. 마치 먹장어가 아니라 사람의 손이 마법이라도 부리는 듯한 광경이었다.

내친 김에 무게도 달아보니 4마리 무게가 648그램, 평균 잡아 한 마리가 162그램인 셈이다. 어라? 먹장어의 체중을 100그램으로 잡아도 2만 6천 배면 물 2,600킬로그램을 흡수한다는 얘기다. 이해를 돕기 위해 덧붙이자면, 물의 밀도로 보아 1리터가 1킬로그램이라고 본다면 1.5리터짜리 생수병 1만 7천 300여 병을 100그램짜리 먹장어 한 마리가 점액질로 만들 수 있다는 말이 된다.

숫자만 봤을 때도 미심쩍었지만 직관적으로 뭔가가 잘못됐다는 생각이 들었다. 게다가 점액을 담아 주던 김순희 씨의 말에 따르면 물을 흡수한 점액질도 시간이 흐르면 다시 물이 된단다. 아무래도 직접 먹장어를 가지고 점액을 얻어야겠다 싶어서 수조나 어항용 산소공급기는 챙겨 오지 않았지만, 일단 한 마리를 비닐봉투에 담아 가져왔다.

자글자글 주름이 잡히는 것이 꼭 할머니 같다

지금으로부터 5억 5천만 년 전에 출현했다는 턱이 없는 물고기의 몇 안 되는 생존자인 먹장어는 그 이력만큼이나 신기하게 생겼다. 가죽 제품을 만드는 데 쓰이기도 한다는 탄력 있는 껍질은 먹장어가 몸을 오그릴 때 쭈글쭈글하게 보여 영명 노파물고기Hagfish의 어원을 짐작케 한다.

몸통은 전체적으로 긴 원통형으로, 꼬리로 가면서 약간 얇아지고 넓어지

1 뜰채로 건졌을 때부터 끈끈함이 느껴지던 먹장어들은 순식간에 물 한 바가지를 투명한 점액질로 만들었다. 점액을 들어내니 먹장어까지 점액에 딸려 왔다.
2 점액을 지퍼팩에 담았다.

며 꼬리지느러미를 이룬다. 원래 눈이 있었을 자리에는 눈이 퇴화되어 흔적만 남았고, 심해에서 눈을 대신할 수염이 여덟 가닥 나 있다. 수염은 몸 색과 같은 색인데 끝만 희다. 꼬리까지 양 옆으로 아가미 구멍 여러 개가 줄지어 있는데, 먹장어에게 스트레스를 주면 여기서 하얀 점액질이 흘러나온다. 턱이 없고, 이따금 돌출하는 혀에 이빨이 두 줄 있다.

이렇게 끈끈하고 질긴 점액이라니!

수산시장에서 봉투에 담아온 먹장어는 이미 스트레스를 많이 받았는지 봉투 안에 든 물이 점액질이 되어 있었다. 움직임 없이 누워 있는 모습을 보니 먹장어가 스스로의 점액질에 질식해 죽기도 한다는 이야기가 생각나 발길을 재촉했지만, 여의도를 통과하는 지하철은 밀려드는 벚꽃 행락객들로 붐벼서 더 조바심이 났다. 하지만 껍질을 벗겨도 10시간을 생존한다는 강한 생존력의 소유자답게 회사에 도착할 때까지 생생하게 살아 있었다.

일단 물이 닿지 않은 점액질을 얻고자 바가지에 담고 괴롭혔다. 점액이 끈끈하게 엉겨서 먹장어가 바가지에 들러붙을 지경이었다. 점액을 긁어내어 밀리미터 단위로 부피를 잴 수 있는 용기에 담았는데 전에 보았던 물의 변화가 거의 없고, 하얀 점액질만 물 위에 둥둥 떴다. 이게 어떻게 된 거지…….

'물에 넣어야만 되나 보다' 싶어서 인근 횟집에서 물을 얻어다 넣고

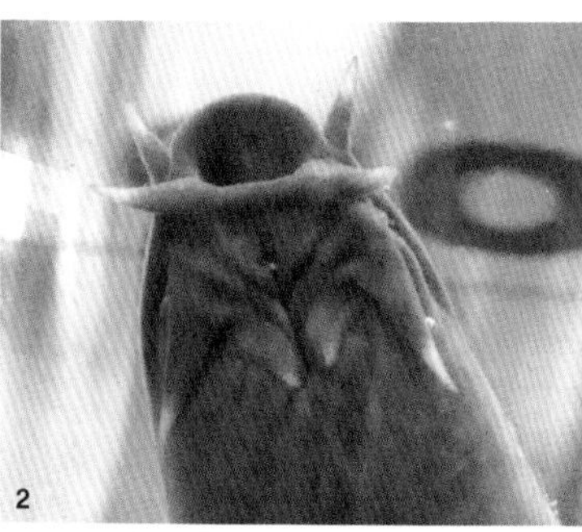

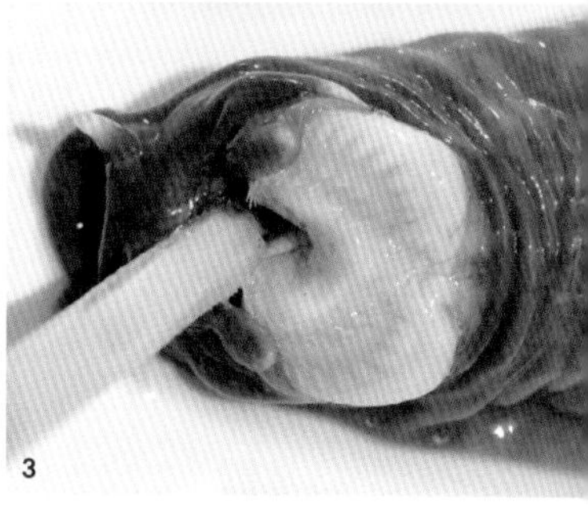

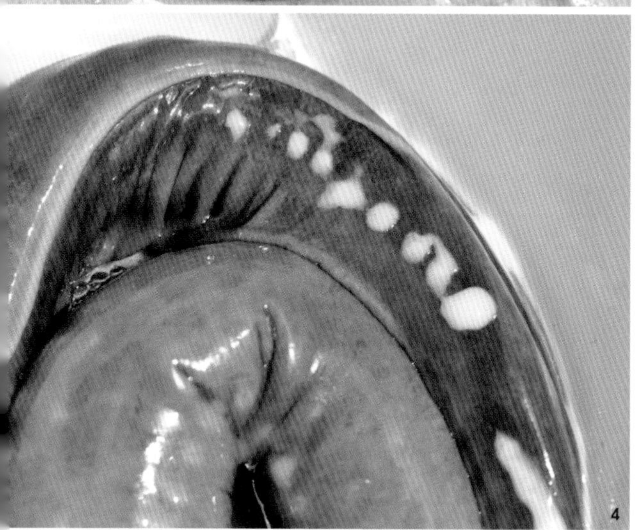

1 가죽 제품을 만드는 데 쓰이기도 한다는 탄력 있는 껍질은 먹장어가 몸을 오그릴 때 쭈글쭈글하게 보여 영명 노파물고기(Hagfish)의 어원을 짐작케 한다.

2 눈이 퇴화되어 흔적만 남았으며, 심해에서 눈을 대신할 수염이 여덟 가닥 나 있다.

3 이따금 돌출하는 혀에는 두 줄의 이빨이 나 있다.

4 꼬리까지 여러 개의 구멍이 줄을 지어 있는데, 먹장어에게 스트레스를 주면 여기서 하얀 점액질이 흘러나온다.

다시 괴롭혔다. 투명한 점액이 나왔다. 아예 부피를 잴 수 있는 용기에 일정량의 물을 담은 후 먹장어를 넣고 계속 점액질을 걷어 내서 남은 물의 양을 재볼까 했지만, 곧 미련한 짓임이 드러났다.

먹장어가 지쳐서인지 분비되는 점액질의 양이 점점 줄어든 것이다. 그리고 수산시장에서 들었던 말처럼 처음에 투명하게 나오던 점액은 시간이 약간 지나자 점점 불투명해지면서 흡수했던 물을 뱉어냈다. 투명한 점액도 그렇지만 불투명해지기 시작한 점액도 끈기가 대단했다. 젓가락으로 잡아 늘여도 떨어지지 않았고, 손에 전해지는 느낌이 매우 질겼다.

2만 6천 배의 진실

나와 함께 녹초가 되어 버린 먹장어를 들고 귀가하며 과정을 복기하고 참고한 논문을 꼼꼼하게 읽어 봤다. 먹장어 점액은 900밀리리터 당 20밀리그램의 점액 섬유와 15밀리그램의 뮤신을 포함하며, 일회용 기저귀에 쓰이는 고흡수성 물질이 자기 중량의 50배에 해당하는 물을 흡수하는데 먹장어 점액의 비율은 2만 6천 배라고 나온다.

이럴 수가! 어디에도 체중body weight이란 말은 없다. 대신 겔로 변한 먹장어 점액 총량을 점액 섬유와 단백질량을 합한 값으로 나눠 보니 2만 6천 배의 근사값이 나온다. 즉, 물을 흡수한 점액의 총량을 점액에 포함된 흡수물질의 양으로 나눠서 나온 값인 것을 단단히 오해한 셈이다.

누군가가 번역은 또 다른 창조 작업이라고 했던가. 먹장어와 씨름

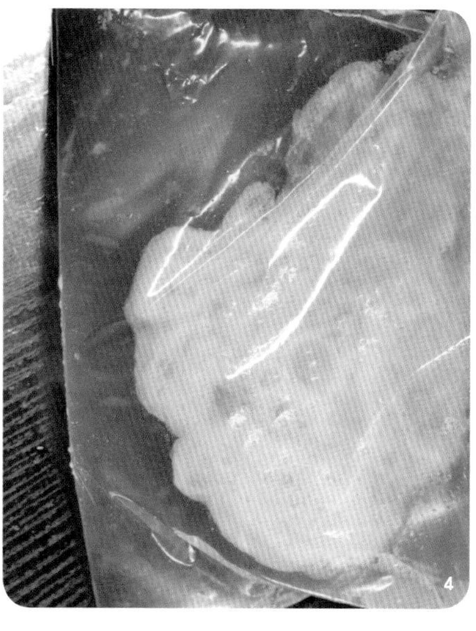

1 점액을 긁어내어 밀리미터 단위로 부피를 잴 수 있는 용기에 담았더니 물의 변화는 거의 없었고, 하얀 점액질만 물 위에 둥둥 떠다녔다.

2 먹장어에게 스트레스를 줘서 나오는 점액은 처음에는 투명했다.

3 시간이 약간 지나자 점액이 점점 불투명해지면서 흡수했던 물을 뱉어냈다. 불투명해지기 시작한 점액은 매우 질겼다.

4 수산시장에서 가져왔던 점액이 불투명한 점액과 물로 분리됐다.

한 시간을 삽질이라 생각한다면 오역에 휘둘린 낯부끄러운 시간이겠고, 먹장어의 신비한 속성을 직접 알아간 시간이라 생각한다면 창조 작업이라고도 볼 수 있겠다.

먹장어 점액에 포함된 중간 섬유는 구조상 이웃한 단백질 섬유와 결합해 응력이 높은 안정적인 결정막을 형성한다고 한다. 먹장어를 넣어 둔 수조나 처음에 받아온 점액이 시간이 흐른 후 하얗게 되고 질겨지는 현상은 그런 이유에서 비롯되는 듯하다. 아마도 처음에 공기 중에서 먹장어를 괴롭혀 받아 낸 하얀 점액질이 물을 거의 흡수하지 못한 것도 이미 안정적인 결정막을 형성한 이후여서 그런 것으로 보인다.

여하튼 순식간에 다량의 물을 점액으로 만들어 버리는 먹장어를 직접 겪어 보니 점액을 천적으로부터 방어하거나 먹잇감을 사냥할 때 쓴다는 사실이 쉽게 이해가 간다. 이런 강력한 무기 덕분인지 그들은 그토록 오랜 시간 동안 큰 형태 변화 없이 유유히 살아왔다.

또한, 앞서 언급한 『수변정담』에 따르면, 수컷 한 마리에 암컷 100마리 정도의 비율로 함께 살아서 정력식품으로 알려진다. 보통 생명체의 성비는 1:1에 수렴하기 때문에 만약 이 이야기가 사실이라면, 먹장어에게는 사람이 모르는 특별한 무언가가 더 있을 것이다.

퉁가리

자연 다큐멘터리스트 윤순태 씨는 퉁가리를 다른 민물고기와 같이 넣어 두면 퉁가리 점액 때문에 다른 민물고기가 죽는다며, 어쩌면 먹장어처럼 퉁가리도 점액을 방어행동에 쓸지도 모른다고 한다. 먹장어나 퉁가리나 주변에 흔한 것들이지만 그 생태에 대해서는 모르는 것이 너무 많다.

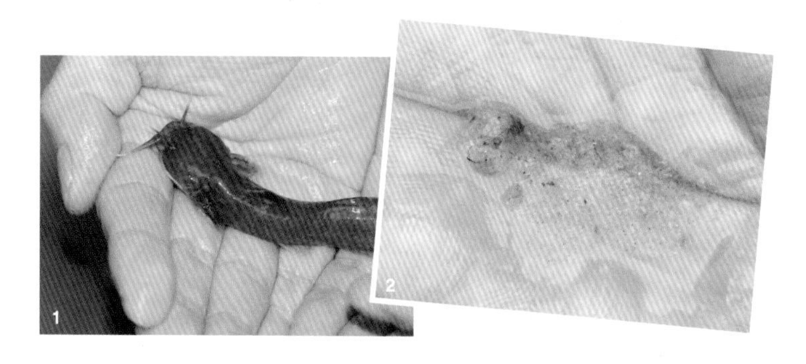

1~2 퉁가리와 점액인 독. 이 점액 때문에 퉁가리와 함께 있으면 다른 민물고기는 죽는다고 한다.

토란잎도
부처님에 빗댈 수 있다

연꽃잎은 물에 젖지 않는다. 단순히 젖지 않을 뿐만 아니라 물방울을 영롱한 구슬처럼 구르게 만든다. 이런 특성 때문인지 불가에서는 연꽃을 부처에 비유하곤 한다. 진흙탕에서 살아도 스스로 정화해 진흙 하나 묻지 않은 꽃을 피우기 때문이다.

연꽃잎에 떨어진 물방울이 동그랗게 뭉쳐서 미끄러져 내리는 현상을 '연꽃잎 효과lotus effect'라고 부른다. 독일의 식물학자 빌헬름 바르트로트Wilhelm Barthlott 교수에 따르면 연꽃잎에는 물에 반발하는 소재로 덮인 나노 크기의 돌기들이 촘촘하게 나 있어 물과 연꽃잎이 닿는 면적이 매우 좁아 표면장력이 낮아지기 때문이라고 한다.

이런 연꽃잎의 구조를 응용해 물에 젖지 않아 전원을 넣어도 안전한 반도체 소자, 비가 오면 스스로 청소하는 차 유리창, 꿀이 달라붙지 않는 숟가락 등을 만드는 실용적인 연구도 많이 진행되고 있다. 연꽃잎을 구해 한 번 살펴보고 싶은데, 내 행동 반경에는 식물원이나 가까운 사찰 혹은 저수지처럼 연꽃을 볼 만한 곳이 없다.

꼭 연꽃잎에만 그런 효과가 있을까? 가까운 옥상 텃밭에서 연꽃잎과 비슷한 특성이 있는 식물을 찾아보기로 했다.

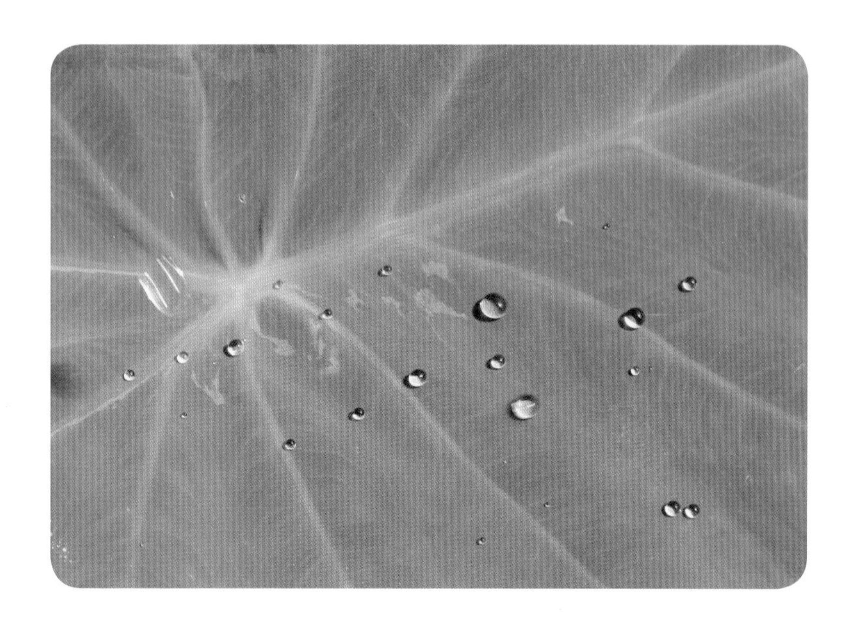

텃밭의 물방울

우선 물을 이용해 각 식물의 발수성을 확인한 후 연꽃잎과 유사한 발수성을 보이는 식물을 대상으로 물과 성질이 다른 기름과 꿀을 흘려 보았다. 대상으로 삼은 식물은 가지, 토마토, 호박, 상추, 갓, 동백나무, 무화과나무 등 우리가 잎이나 열매를 먹으려고 키우는 흔한 작물들이다. 연잎처럼 물이 방울져 미끄러지려면 아무래도 매끄러워 보이는 작물이 유리하지 않을까? 매끄럽게 햇빛을 반사하는 동백나무 잎에 물을 흘려 보았다. 물방울이 방울지기는 하는데 잎을 기울여 보니 흘러내리는 게 그다지 매끄럽지는 않았다.

보랏빛 꽃이 핀 가지와 하얀 꽃무리가 생긴 들깨의 보드라운 잎도 마찬가지다. 매끄러워 보이는 상추도 물이 흐르며 긴 자국을 남긴다.

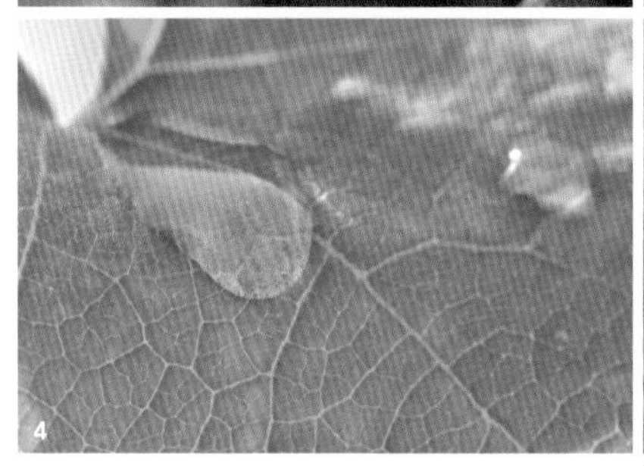

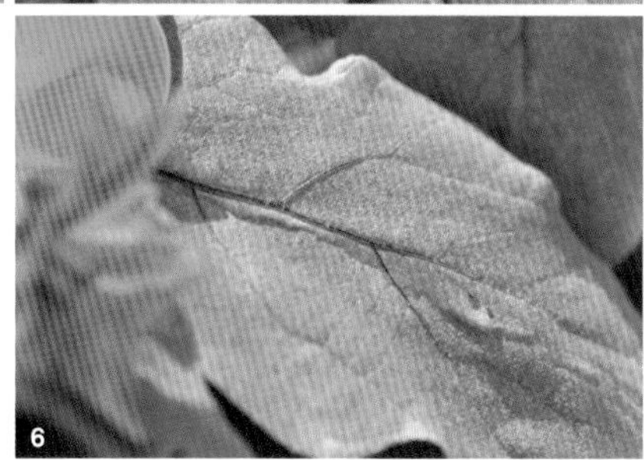

1 실험 재료. 오른쪽부터 물, 식용유, 꿀
2 상추
3 동백 나뭇잎
4 호박잎
5 무화과 나뭇잎
6 가지잎

무화과 나뭇잎과 호박잎도 마찬가지였다. 털이 나서 표면이 매끄럽지 않은 식물들도 어느 정도 물방울이 만들어지기는 했지만, 미끄러질 때 깔끔하게 굴러 떨어지지 않고 긴 자국을 남기며 떨어졌다. 이들에게 연꽃잎과 같은 효과는 없었다.

연꽃잎과 토란잎은 똑 닮았건만

길쭉한 줄기와 둥글지는 않지만 넓은 잎이 연꽃을 연상하게 하는 토란은 어떨까. 물론 토란은 천남성과에 속하는 식물로 연꽃과에 속하는 연꽃과는 다소 거리가 있다. 그러나 토란잎에 물을 흘려 보니 마치 물방울들이 살아 있는 듯 움직였다. '아! 이게 연꽃잎 효과구나!' 하는 감이 팍팍 왔다.

컵을 떠난 물이 토란잎 위에 떨어지자마자 살아 있는 듯 중력을 따라 움직이다 매끄럽게 땅으로 떨어졌다. 토란잎이 보통 땅을 향하게 나 있다 보니 손으로 평형을 맞춰 주지 않으면 물방울은 순식간에 바닥으로 떨어졌다. 토란잎을 손톱으로 가볍게 긁어 보니 물이 방울지지 않고 더디게 흘러내렸다. 구조 때문에 연꽃잎 효과가 생기는 게 확실해 보였다.

그렇다면 꿀과 기름 등 다른 성질의 액체도 비슷할까. 꿀을 흘려 보니 물과는 점성이 다르지만, 매끄럽게 뭉쳐서 흔적을 남기지 않고 깔끔하게 떨어졌다. 꿀이 이렇게 흐르는 걸 보니 신기해서 여러 번 흘려 봐도 똑같았다. 긴 끈처럼 떨어지기는 했지만, 잎에 아무런 끈적임도

1 토란잎에 물을 흘려 보니 마치 물방울이 살아 있는 듯 움직였다.
2 토란잎에 손톱으로 가벼운 상처를 내보니 물이 방울지지 않고 더디게 흘러내렸다. 상처내지 않은 부분의 물과 비교된다.
3 꿀도 물처럼 매끄럽게 뭉쳐 흔적을 남기지 않고 깔끔하게 떨어졌다.
4 점성이 달라서인지 물과 다르게 긴 끈처럼 떨어지기는 했지만, 잎에 끈적임은 전혀 남지 않았다.
5 기름은 앞서의 물이나 꿀과는 다르게 긴 흔적을 남기며 흘러내렸다.
6 기름이 흐른 잎에 물을 부어 보았지만, 기름 위에 물이 방울질 뿐 기름은 씻기지 않았다.

남지 않는 것이 신기했다.

하지만 기름은 달랐다. 기름은 물이나 꿀과는 다르게 긴 흔적을 남기며 흘러내렸다. 물을 이용하면 정화되지 않을까 해서 기름이 흐른 잎에 물을 부어 보았지만, 기름 위에 물이 방울질 뿐 기름은 씻기지 않았다. 연꽃잎도 그럴까? 연꽃잎에 실험을 해보지 않아 잘 모르겠지만, 토란잎과 연꽃잎의 특성이 별반 다르지 않다는 것은 확실히 알았다.

실험하다보니 원래부터 토란국 한 그릇 먹지 않으면 가을 기분이 들지 않을 정도로 좋아했던 토란에 더 정이 든 것 같다. 반대로 연근 요리는 그다지 좋아하지 않아서일까? 식물학자들이 토란에 먼저 주목했다면 연꽃잎 효과가 아니라 토란잎 효과라고 이름이 붙었을 텐데 싶은 아쉬움마저 든다.

토란잎의 아랫면도 윗면과 같은 반응을 보였다.

연꽃잎 효과는 잎이 물에 젖지 않고, 물을 이용해 잎에 쌓이는 먼지 같은 것을 스스로 정화하려고 생긴 것이라고 한다. 잎 윗면과 아랫면에서 모두 나타난다고 하는데, 굳이 잎 아랫면에는 이런 특성이 없어도 될 것 같다.

실험을 위해 토란잎을 뒤집어서 평행이 되도록 애를 썼지만 쉽지 않아 불가피하게 잎을 하나 잘라 물을 흘려 봤다. 결과는 똑같았다. 잎 아랫면에 물이 튀거나 먼지가 쌓일 일은 없어 보이는데, 수많은 발수성 돌기를 잎 아랫면에 만드는 것은 낭비 아닐까. 1의 힘으로 할 수 있는 것을 2배의 에너지를 써야 할 테니 말이다.

혹시 우리가 목적이라고 알고 있는 것이 잘못된 지식은 아닐까. 아니면 윗면에 돌기를 만들고 아랫면에는 돌기를 만들지 않는 방식이 모든 표면에 돌기를 만드는 것보다 에너지가 더 들어서? 이 점에 대해서는 좀 더 연구가 필요하겠지만, 흥미로운 지점이기도 하다.

멧토끼 똥으로
종이 만들기

글씨도 잘 못 쓰고 그림도 잘 못 그리지만, 희한하게도 발걸음이 가는 곳이 문구점이다. 형형색색의 종이, 연필, 펜 등을 보는 재미가 쏠쏠해서 누군가를 만날 때 약속장소에 먼저 도착하면 근처 문구점을 찾아 시간을 보내곤 한다. 그러던 어느 날, 눈을 확 잡아끄는 물건을 발견했다. '코끼리 똥종이'라…….

인터넷으로 찾아보니 각 사이트마다 워낙 주장이 달라, 이 기막힌 물건을 처음 만든 사람이 누구인지는 알기 어렵다. 공통점이라면 한때 신성한 존재였지만 아시아의 근대화와 함께 천덕꾸러기로 전락한 코끼리의 똥으로 종이를 만들어 코끼리와 지역 주민들을 돕는다는 아름다운 명분 정도다. 그동안 꽤나 인기를 끌었는지 스리랑카, 태국, 캐나다, 호주 등 각국에 코끼리 똥종이를 만들고 파는 여러 업체가 있단다.

똥 종이의 관건은 섬유질!

이런 세계적 흐름에 동참하고자 나도 동물 똥으로 종이를 만들어 보기로 했다. 종이를 만들려면 섬유질이 풍부한 초식동물의 똥이어야 한다. 국내에 코끼리를 키우는 동물원도 꽤 있으니 코끼리 똥은 어떨까

시화호 공룡화석지에서 발견한 멧토끼 똥. 사료처럼 둥글납작하다.

싶지만, 그래도 실험의 재미는 응용이 아닌가. 소똥은 어떨까? 종이를 만들자면 섬유질이 풍부한 똥이어야 하는데, 요즘 사육되는 소들에게는 곡물사료를 많이 먹인다고 하니, 탈락.

기왕에 하는 거 우리나라 야생동물 똥으로 종이를 만들면 더욱 의미 있겠다 싶었다. 하지만 우리나라는 코끼리만큼 똥을 많이 쌀 초식동물이 당연히 없다. 자잘한 똥을 주워와 종이를 만들려면 산과 들을 얼마나 헤매야 할까? 수월하게 똥을 모을 방법을 찾다가 포유류 조사를 하며 산을 많이 타기로 소문난 야생동물연합 조범준 사무국장이 산양 똥을 많이 모아뒀다는 소문을 들었다. 좀 달라고 요청했지만 밭에다 뿌린 지 오래란다.

문득, 과거 포유류 흔적을 찾으러 시화호를 갔을 때의 기억이 났다. 갯벌이던 곳이라 아직도 땅이 질어서 동물 발자국이 잘 찍힌다. 시화호 공룡화석지는 개발하려고 바다를 막아 만든 땅이었지만, 공룡알 화석이 많이 발견되며 개발을 피했다.

그중에서도 공룡화석지에서 가장 큰 섬간척되기 전 섬이었던 자리 가장자리는 사초가 넓게 자라고 군데군데 몸을 숨기기 좋은 덤불이 많아서인지 멧토끼 흔적이 많았다. 산에서 보던 것보다 크고 굵은 멧토끼 똥이 마치 해변의 모래처럼 많던 것 같다. 왜 그동안 멧토끼 똥을 생각 못했는지 자책하며 멧토끼 똥을 구하러 시화호로 향했다.

아무 때나 갈 수 있을 줄 알고 설 연휴 마지막 날에 들른 공룡화석지의 문은 굳게 잠겨 있었다. 관리인이 잠깐 창문을 열더니 들어가지 말란다. 천연기념물로 보호받는 지역이라 철책으로 둘러싸여 달리 들어갈 엄두가 나지 않았다. 답답한 마음에 인터넷을 뒤지다가 멧토끼 똥의 약효에 대해 설명하는 글 아래 문의 전화번호를 발견했다. 멧토끼 똥을 파는 곳인가 싶어 반가운 마음에 전화했지만, 결론은 "산에 가서 주워 쓰세요."로 끝났다.

부지런히 주워서 충분히 모았다.

머리가 아파왔다. 그 글에서는 멧토끼 똥이 두통에 좋다는데 종이 만들기에 앞서 하나 먹어야 할 지경이다. 행여나 머리가 아픈 독자들이 참고할까 염려되어 동의보감을 뒤져 보니, 두통이야기는 없고 상처와 치질을 치료하는 데 효과가 있다고 한다.

다음 날 아침, 비장한 마음으로 시화호로 나섰다. 열린 문을 지나, 거침없이 가장 큰 섬의 가장자리로 발걸음을 옮겼다. 있다. 마치 사료처럼 둥글납작한 멧토끼 똥이 보였다. 기억 속 그곳처럼 해변의 모래인 양 쌓이지는 않았지만 여기저기에 있었다. 자세히 들여다보니 거친 입자들이 보였다. 이게 다 섬유질일 거라고 생각하니 뿌듯했다. 부지런히 주워 담았다.

똥종이 만드는 법, 간단 정리

재료를 구했으니 종이만 만들면 된다. 처음에는 전통 한지 제조법으로 시도하려 했으나, 너무 복잡하고 번거로울 것 같다. '우리의 것은 소중한 것'이겠지만, 나는 장인이 아니다. 그래서 『종이 만들기』라는 명료한 제목의 책이 제시하는 최대한 단순한 방식을 참고했다.

1. 멧토끼 똥을 모았으니 이미 섬유 원료는 구했다. 그 후 알칼리성 용액에 삶거나 발효시켜 섬유질에 포함된 리그닌, 당분, 녹말 등 불순물을 최대한 제거해야 한다. 전통 공법에서는 메밀을 태운 잿물을 으뜸으로 친다지만, 당분이나 녹말 정도는 멧토끼 뱃속에서 제거되지 않았을까?
2. 섬유질 고유의 색을 약화시키는 표백을 해야 한다. 전통 한지 제조

에서는 햇볕을 이용해 표백시킨다고 한다. 멧토끼 똥 역시 오랫동안 햇볕을 쬐어왔으니 생략했다. 약간 똥색일 수는 있지만 멧토끼 똥처럼 예쁘고 핸드메이드 느낌의 색이 나오지 않을까 기대된다.

3. 표백된 섬유는 물을 약간 부은 후, 방망이로 두들기거나 절구에 넣고 찧어 섬유를 펴는 과정을 거쳐야 한다. 간단한 방법으로 믹서를 쓸 수도 있단다. 믹서에 똥을 갈았다가는 집에서 쫓겨날 수 있으니, 가까운 마트에서 손절구를 샀다.
4. 이렇게 잘 찧어진 재료를 점제와 섞어야 한다. 점제는 섬유를 골고루 분산시키고 결합력을 높인다. 전통 한지는 황촉규라고도 불리는 닥풀 뿌리의 점액을 점제로 이용하지만 구하기 어렵다. 대신 가루 형태의 폴리에틸렌 옥사이드polyethylene oxide를 쓰기로 했다. 물에 녹이고 덩어리를 제거해 준비해둔다.
5. 가장 까다로운 게 이렇게 만든 점제와 물과 원료를 섞어 종이를 뜨는 과정이다. 종이를 뜰 발이 필요한데, 철망과 나무로 발틀을 만드는 게 쓰기에 간편하다. 통에 담아 잘 섞은 원료와 물과 점제의 혼합물을 한 방향으로 잘 섞은 후 발틀로 떠낸다. 나는 아예 거름체를 샀다.
6. 떠낸 종이는 수분이 많아서 약하므로 건조에 앞서 압착시켜 수분을 빼준 후 건조시킨다. 압착할 때는 종이 사이사이에 실을 넣어서 압착 후 떼어 내기 쉽게 해야 한다. 아니면 사이사이에 부직포를 까는 것도 방법이다. 이렇게 압착해서 수분을 제거한 후 일광 건조, 온돌 건조 등 다양한 방법으로 말린다. 가정에서 쓸 수 있는 간편한 방법은 유리창에 붙여 건조시키는 것이란다. 마르면 스스로 떨어진다니 편하다.

'멧토끼 똥으로 종이 만들기'의 실제

다양한 종이 제조법을 참고해 만든 무난한 제조법을 따랐지만, 실제는 이론과 달랐다. 멧토끼 똥에 달라붙은 지푸라기와 잡티를 제거하는 것만도 지난한 과정이었다. 지푸라기와 똥은 둘 다 물에 뜨는 데다가 달라붙어 있어서 손쉽게 골라낼 방법이 없었다. 결국 손으로 일일이 제거했다. 몸이 고생스러운 만큼, 고급종이를 만들려고 제조과정 중 수시로 티를 골라낸다는 장인들이 존경스러워졌다.

달큰하고 구수한 멧토끼 똥 끓는 냄새가 온 집안에 퍼졌다. 3시간 정도 끓이며 잡티를 골라낸 후 내용물을 절구로 찧었다. 찧다 보니 사방에 똥물이 튀었다. 날이 추웠지만 뒷정리는 혼자 감내해야 할 몫이기에 옥상으로 나가 계속했다. 그래도 1시간을 찧으니 어느 정도 찰기가 생겼다. 찰기가 생긴 똥, 아니 섬유 원료를 큰 대야에 물을 타 풀고 준비한 점제를 녹인 물을 섞고 잘 저은 후 거름체로 떴다.

그런데 기대했던 느낌이 전혀 아니었다. 섬유질이 엉기는 끈끈한 느낌은 거의 없었다. 거름체에는 단순히 거친 부유물만 걸리는 듯한 느낌이 들었다. 거칠게라도 두껍게 떠내 나무 도마를 깔고 부직포를 사이사이에 깔아서 차곡차곡 쌓았다. 그리고 맨 위에 나무 도마를 올린 후 세계문학전집과 쌀 포대를 여러 개 쌓아 압착시켰다.

다음날 사무실로 압착된 똥, 아니 종이가 되기 전 결과물을 가져와 창문에 붙였다. 햇볕에 마르는 모양새를 보니 질이 좋아 보이진 않지만 들여다보니 내용물이 서로 엉켜 있는 것이 제법 종이 같았다.

그런데 마르면 자연히 떨어질 거라는 설명과 다르게 떨어지지가 않

1 지푸라기와 똥은 둘 다 물에 뜨는 데다가 달라붙어 있어서 손쉽게 골라낼 방법이 없었다. 결국 일일이 손으로 제거했다.
2 3시간 정도 끓이며 잡티를 골라냈다.
3 잡티를 골라낸 후 남은 내용물을 절구로 찧었다.
4 두껍게 떠내 나무 도마를 깔고 부직포를 사이사이에 깔아서 차곡차곡 쌓았다.

맨 위에 나무 도마를 올린 후 세계문학전집을 올려 압착했다.

았다. 억지로 떼어보니 부스러졌다.

똥종이 만들기에 실패한 원인이 뭘까. 제조법을 너무 단순화한 게 문제였을까. 점제를 더 많이 쓰고 풀이라도 섞고 더 두껍게 떠서 강하게 압착했다면 괜찮았을까. 겨울이니 나무껍질을 많이 먹었으리란 예상을 깨고 멧토끼가 거친 풀을 많이 먹은 탓일지도 모른다. 어쩐지 만들면서 만져 보니 꺼끌꺼끌한 느낌이 영 좋지 않더라니.

코끼리는 관목을 먹기도 하니, 질 좋은 펄프가 많아서 종이 만들기에 좋은 것일지도 모른다. 일이 안 풀리니 멧토끼 탓을 한다고 비웃어도 어쩔 수 없다. 엉뚱한 일을 벌이는 사람이 진보를 가져오는 경우도 있지만, 세상에 정해진 일에는 대개 이유가 있을 것이다. 혹시 종이 만들기에 흥미가 생겼다면 닥나무 백피 같은 질 좋은 펄프를 사 쓰도록 하자.

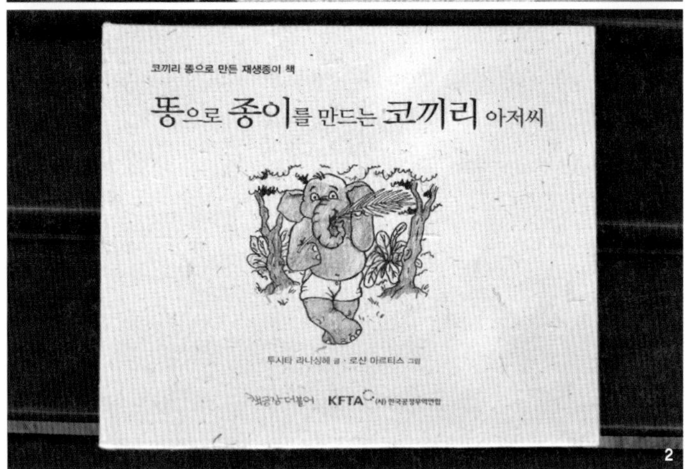

1 볕에 마르는 모양새를 보니 질이 좋아 보이진 않지만 들여다보니 내용물이 서로 엉켜 있는 것이 제법 종이 같다. 그런데 마르면 자연히 떨어질 거라는 설명과 다르게 떨어지지가 않았다. 억지로 떼어 보니 부스러졌다.

2 동물책 전문출판사 〈책공장더불어〉에서 2013년 펴낸 책 『똥으로 종이를 만드는 코끼리 아저씨』

코끼리 똥으로 재생종이를 만드는 이야기를 담았을 뿐 아니라, 책 자체도 코끼리 똥으로 만들었다. 한지처럼 약간 깔깔하기는 하지만, 손에 닿는 감촉이 나쁘지 않다. 멧토끼 똥으로 만든 종이도 이런 느낌이 나지 않을까 싶었는데, 결과는 실패였다.

그대 안의 신비,
고래회충

그들을 처음 만난 곳은 어렸을 때 들렀던 한 생선 가게였다. 자반고등어를 손질하며 모아둔 내장에서 백 마리쯤 돼 보이는 가늘고 긴 흰색 벌레들이 우글거리던 기억이 선명하다. 새삼 유쾌하지 않은 기억이 떠오른 건 고래회충 감염의 위험성을 경고하던 한 TV 프로그램 때문이다.

날로 먹은 생선을 통해 고래회충에 감염되면 극심한 복부통증을 유발하고 구토하는 등 급성식중독과 비슷한 증상, 간단히 말해 지옥을 맛보게 된다. 심할 경우 피를 토하기도 한다니 무섭다. 현재까지 이렇다 할 치료약이 없으며 내시경을 이용한 제거나 수술만이 효과 있는 치료법이란다.

드넓은 바다의 자그마한 유랑자

고래회충은 고래와 돌고래, 물범류 등 해양포유류를 최종 숙주로 삼아서 그런 이름이 붙었다. 우리가 생선에서 발견하는 고래회충은 2~3센티미터로 눈으로 볼 수 있지만 육안으로 종을 분류하기는 쉽지 않아 여러 화학적, 유전학적 기법으로 종을 분류하며, 통상 속명인 아니사

키스*Anisakis*로 부르는 경우가 많다.

인간들의 분류야 어쨌든 그들은 드넓은 바다에 사는 생물들을 숙주로 삼는 기생충이어서 그런지 생활사의 스케일이 크다. 기생충 생각을 하며 눈살을 찌푸렸다면 이제는 잠시 눈을 감고 장엄한 그들의 생활사를 상상해보자.

바다 수면에 고래가 한 마리 떠 있다. 인간에게 감염되면 극심한 통증을 일으키지만 희한하게도 다 자란 고래회충을 수천 마리씩 품고 다니는 고래는 별다른 영향을 받지 않는 것으로 보인다. 그 고래가 시원스레 똥을 싼다. 잉크가 물에 풀린 듯 퍼져 나가는 고래 똥 속에 고래회충들의 알이 있다.

바다에 떠다니는 주로 갑각류에 속하는 동물플랑크톤들이 부화한 고래회충의 유생들을 부지런히 먹는다. 그 동물플랑크톤 떼를, 남해바다를 회유하느라 배고팠던 고등어 떼가 순식간에 먹어 버린다. 어디선가 찢어지는 듯한 소리가 들린다. 돌고래 떼가 어느 순간 나타나 고등어 떼를 둘러싸고 사냥을 시작한다. 그리하여 고래회충은 최종 숙주에 안착하고 다시 한 바퀴 생활사를 시작한다.

상상력을 좀 보태긴 했지만 이것이 대략적인 고래회충의 생활사다. 다만 위에서 인간과 관계 맺었을 경우는 뺐다. 인간의 뱃속에 들어오면 안타깝게도 번식이 불가능하기 때문에 그들의 생활사가 끊어진다고 한다. 고래회충의 인체 감염은 인간에게도 불행하지만 그들에게도 불행한 일인 듯싶다. 양쪽이 불행해지지 않기 위해서라도 감염을 피하는 방법을 알아야겠다. 이제 고래회충을 만나러 가보자.

1~2고래회충의 생활사는 제법 스케일이 크다. 드넓은 바다를 종횡무진하며,
고래와 돌고래, 여러 갑각류, 고등어 등 바다 동물 약 2만 종의 몸에 안착해 산다고 한다.
3 망둑어 내장에서 고래회충을 찾고 있다.

제발
생선 내장 좀 주세요

먼저 기억 속의 자반고등어를 떠올리며 자반고등어나 간고등어를 만드는 공장을 생각했지만 그곳들은 대부분 남해에 접한 먼 곳이다. 생선에 고래회충이 흔하다면 동네 생선가게에서 버리는 생선 내장에 그들이 있으리라 생각했다. 동네 생선가게에 들러서 생물 실험에 쓴다며 내장 좀 달라고 하니 수업에 쓴다는 말인 줄 알았는지 "요즘은 선생 일하기도 힘드네."라며 푸짐하게 담아 주셨다.

양손 가득 내장을 가져오며 기대에 부풀었지만 찾아낸 것은 두 마리 뿐이었다. 아마도 가게에서 파는 생선은 대부분 오랜 시간 냉동 보관해온 것이어서 그런 것 같다. 참고로 학자들은 영하 20도에서 24시간 이상 냉동해 고래회충을 확실히 죽일 것을 권장하고 있다.

두 마리로는 부족하니 자연산 바닷고기를 찾아서 시화호 인근인 오이도 해양 공원으로 향했다. 시화호 방조제에는 게와 망둑어를 잡는 낚시꾼들이 많았다. 그런데 예상 외로 낚시꾼들이 호락호락하지가 않아 내장을 얻기가 쉽지 않았다.

그들이 잡은 고기들은 서서히 죽어가고 있었다. 숙주가 죽으면 내장에 있던 고래회충들이 살로 파고들기 때문에 잡은 바닷고기를 회로 먹을 때는 바로 죽여서 내장을 제거하거나 충분히 익혀서 먹어야 한다. 내 부탁을 거절한 분들은 부디 익혀 드셨길 바란다. 다리가 많이 아파질 때쯤 마침내 망둑어 내장을 얻을 수 있었다. 하지만 내장에서 나온 다양한 부산물 중 고래회충은 보이지 않았다.

그렇다면 횟집은 어떨까? 양식 어종이 대부분이라 고래회충이 나올 확률이 낮은 것은 둘째 치고, 위생에 민감해서 그런지 좀처럼 협조해주질 않았다. 그래도 고래회충은 구해야 하니 오이도 종합 수산시장에서 내장을 얻으려고 돌아다녔다. 사람 좋아 보이는 한 활어가게의 주인에게 기생충을 찾아야 하니 내장 좀 달라고 했더니 표정이 굳었다.

원래 기생충은 자연산에 있어서 '자연산 전문'이란 간판 보고 찾아왔다고 설명했지만 아저씨는 내 눈길을 회피하며 "요즘 자연산이 어디 있어, 다 양식이지."라고 했다. 두 곳을 더 들러 기생충 이야기를 빼고 부탁해보았지만 돌아오는 반응은 싸늘했다.

시화호 방조제에서 낚시를 즐기는 사람들
주로 게와 망둑어를 잡고 있다.

오늘도 이렇게 공치나 생각하며 수산시장을 방황하는데 바구니에 담겨 팔려 가는 붕장어가 보였다. 순간 한 내과 의사가 자신의 블로그에 올린 글 중 붕장어에 특히 고래회충이 많다고 했던 말이 떠올랐다. 붕장어를 사는 사람에게 다짜고짜 내장이 필요한데 좀 달라고 요청했는데, 그는 흔쾌히 회를 뜨는 가게 주인에게 시켜서 제일 큰 붕장어의 내장을 내게 건넸다. 그러면서 내장을 어떻게 먹는 거냐고 묻는데, 차마 은인이 입맛 떨어질 말을 할 수 없어 탕을 끓일 거라고 둘러댔다.

붕장어는 아직 양식이 안 되고, 닥치는 대로 포식하는 매우 사나운 성격으로 알려진다. 그러니 고래회충이 있을 확률이 높을 것이다. 실제로 돌아와 헤쳐 보니 11마리나 나왔다.

바다에서 태어났건만 소금에는 취약인 고래회충

굳이 실험을 해보려 한건 아니지만, 처음에 생선가게에서 가져온 두 마리는 샬레에 정수기 물을 담아 넣어 두었는데 일주일이 넘도록 살아 있었다. 민물에서도 살아남을 수는 있는 것 같다.

고래회충의 생존력을 알아보고자 생강에서 추출한 물에 담갔다. 회를 먹는 사람들 사이에서 떠도는 생강이 잡균을 잡아 주며 고래회충도 죽일 것이라는 속설이 떠올랐기 때문이다. 그리고 젓갈류에 넣는 생선 내장은 안전할까 궁금해, 간장과 염도 10퍼센트 소금물에도 고래회충을 넣어 보았고, 초절임은 또 안전한가 싶어 식초에도 넣어 보았으며, 술에 담그면 어떨까 궁금해 소주에도 넣어 보았다.

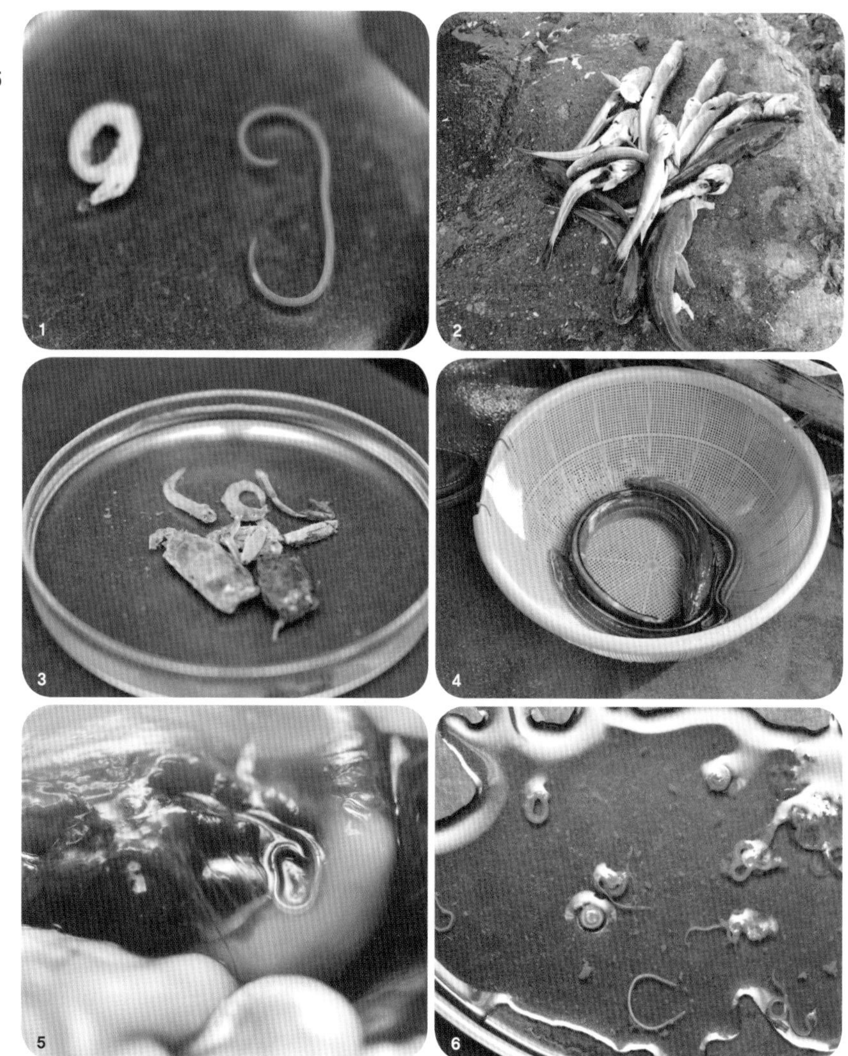

1 생선가게에서 수거한 내장에서 나온 고래회충
2 망둑어. 아가미 아래 빨판이 있다.
3 망둑어의 내장 속에는 작은 물고기와 게가 있었고, 고래회충은 찾지 못했다.
4 붕장어. 아직 양식이 안 되며 닥치는 대로 포식하는 습성이 있다.
5 붕장어 내장에서 발견한 고래회충
6 붕장어 내장에서 모은 고래회충들

식초에 넣었더니 스프링처럼 몸을 꼬고 있다가 활성화된 녀석들을 보니 이런 상상도 되었다. 혹시 저렇게 몸을 꼬고 막에 덮여 있다가 숙주의 위장을 통과할 때 산성 소화액을 신호로 활성화되는 게 아닐까? 기생충은 보면 볼수록 신기하다.

위에 언급한 액체들에 2시간을 넣었다가 꺼내 확인했더니, 다들 멀쩡했다. 식초와 소주에 넣어 둔 녀석들은 오히려 더 활개를 쳤다. 내장에서 분리할 때 스프링처럼 몸을 움츠리고 죽은 듯 움직이지 않던 녀석들도 그랬다. 고통스러워하는 건지 활성화가 된 건지 알 수 없지만 그들을 죽이는 효과는 미미한 것 같았다. 간장에 넣은 녀석은 마치 간장의 바다에서 헤엄치듯이 활발했다. 생강 물에 넣은 녀석들도 마찬가지였다. 이로 보아 회를 먹을 때 소주와 생강을 곁들여 먹는 정도로는 별 소용이 없을 것 같다.

그나마 10퍼센트 소금물에 넣었을 때 움직임이 덜해지는 듯해서, 활발한 녀석들만 골라 30퍼센트 소금물에 넣어 보았더니 움직임이 둔해지고 15분 만에 빨갛게 변해 죽어 떠오르는 녀석이 생겼다. 젓갈의 염도가 20~30퍼센트라고 하니 젓갈에 들어간 고래회충은 아마도 생존하기 힘들어 보였다.

위험하지만 신비로운 기생충

실험을 통해 식초나 간장, 또는 술에 절여 먹는 방식은 해산물을 먹기에 안전하지 않은 방식일 수도 있음을 확인했다. 망둑어에 없었으니 그건 먹어도 되겠다고 생각하는 사람이 있을까 걱정 되서 말하자면,

1~2 생강을 잘게 잘라서 물에 담갔다.
3~5 저울로 소금과 물의 무게를 재서 대략 10퍼센트로 염도를 맞춘 소금물을 만들었다.

1 준비한 병에 고래회충들을 나눠 담았다. 왼쪽부터 소금물, 생강물, 간장, 식초, 소주 **2~3** 2시간 경과 후, 샬레에 꺼내 놓고 확인하니 놀랍게도 모두 살아 있고, 게다가 간장과 식초, 알코올에 넣었던 고래회충은 더 활발했다. **4** 30퍼센트 소금물에 활동성이 좋은 것들을 골라 넣었는데 15분 만에 몸의 일부가 빨갛게 변해 죽어 떠오르는 녀석이 생겼다(가운데). 나머지도 움직임이 거의 없었다.

한 지역에서 잡힌 15마리의 적은 샘플로 그런 결론을 내기는 어려우며 눈에 보이지 않는 기생충이 있을지 알 수 없는 노릇이다.

흔히 고래회충은 고등어, 명태, 대구, 붕장어, 광어 등과 같은 해산어류나 오징어 같은 두족류에 있다고 알려지지만, 바다 동물 중 2만여 종이 그들의 숙주라니 일단 해산물을 날로 먹을 때는 주의를 기울여야 한다. 기왕이면 익혀 먹는 게 제일 안전하다.

기생충으로 통칭하는 기생생물은 현재까지 알려진 지구에 사는 전체 종수의 40퍼센트를 차지할 것으로 추산된다. 그만큼 생태계에서 중요한 위치에 있는 보편적인 생물들이란 얘기다. 그럼에도 기생충에 대한 인식은 좋지 않다. 사무실에서 생선 내장을 헤집어 고래회충을 찾았더니 동료들에게 혐오스럽고 엽기적이라는 말을 들었다.

그래도 혐오감은 잠시 접어 두고 한 번쯤은 호기심 어린 눈으로 고래회충을 바라보자. 우리를 포함한 뭇 생명체들의 안에서 살아가는 그들은 우리와 가장 친한(?) 존재일지 모르니 말이다.

나무의
'민증'을 까보다

나무는 겨울에는 적게, 여름에는 많이 성장한다. 많이 성장하는 부분은 밝은 색, 적게 성장하는 부분은 어두운 색을 띠어 우리가 볼 수 있는 나이테가 된다. 나이테를 살펴보는 것은 육안으로 나무의 나이를 알 수 있는 가장 확실한 방법이다. 그러나 나무의 나이테를 보려면 나무를 잘라야 한다. 나이를 알자고 살아 있는 나무를 베어 넘길 수도 없으니 난감하다. 다행히도 '생장추'라고 부르는 장비가 있어서 이것을 활용하면 나무에 구멍을 뚫어 나이테 시료를 얻을 수 있단다.

또한, 소나무의 경우 원줄기가 한 해에 자란 만큼 가지가 생기고 다음 해에 자란 만큼 또 가지가 생기기를 반복한다. 따라서 가지와 가지 사이를 하나의 마디로 따져서 세고, 이 수에 나무의 생장이 미미한 시기인 생후 3, 4년을 더해주면 대략 나이를 알 수 있다고 한다. 무척이나 간편한 방법처럼 들린다. 생장추를 이용해서 얻은 나이테와 대조해 얼마나 믿을 만한 방법인지 알아보기로 했다.

암호 같은 소나무 나이 세기

이론은 언제나 현실과 다르다. 줄기와 줄기 사이를 세서 소나무의 나이를 아는 게 무척 쉽게 들렸지만, 원줄기가 구부러지고 나눠지는 지점부터는 도대체 어느 줄기를 원줄기로 봐야 되나 난감했다. 장자는 '쓸모 없음의 쓸모 있음'을 논하며, 구불거리는 나무가 오히려 제 수명을 누릴 수 있다고 말했다. 마을 뒷산의 소나무들은 아름답되, 나이를 말해주지 않았다.

생장추는 속이 빈 금속파이프 끝에 나사처럼 비스듬한 각도의 날이 붙어 있고 이를 돌릴 수 있는 손잡이가 있는 구조다. 나무줄기의 정중앙에 직각 방향으로 돌려서 반대편까지 넣은 후, 추출기를 넣고 반대 방향으로 돌려 추출기를 뽑으면 기다란 목편나뭇조각이 나온다. 나무를 베지 않고 약간만 채취한다지만, 나무의 회복을 돕고자 뽑아낸 목편도 관찰 후 다시 구멍 난 자리에 채워 준다.

소나무 같은 침엽수는 목질이 부드러운 편이라는데 내게는 그것도 쉽지 않았다. 첫 번째 목편은 너무 휜 데다 나무 중심을 피해가서, 다른 소나무를 생장추로 뚫어야 했다. 두 번째 역시 나무 중심을 살짝 피해갔지만 처음보다 익숙해졌는지 그런대로 잘 나왔다. 그런데 나이테를 읽기가 쉽지 않았다. 안쪽으로 갈수록 예전에 생긴 나이테인데, 최근에 생겼을 바깥쪽 나이테의 폭이 너무 좁아 판별하기 어려웠다

무엇보다 큰 문제는 아무리 억지로 가지와 가지 사이의 마디를 세어도 대략 본디 나이테보다 턱없이 적은 수라는 점이다. 답답해서 식물을 전공한 지인에게 전화를 걸어 물어보니 나무 주위에 관목 덤불이 없고 잘 정리되어 있지 않느냐고 했다. 관리 받는 나무들은 줄기가 정리되고, 시간이 흐르면 겉으로는 줄기 잘린 자리를 알아보기 힘들 정도로 아문다면서, 정리 안 된 숲을 찾으라는데 요즘 그런 숲이 있을까

1 원줄기가 구부러지고 나눠지는 지점부터는 도대체 어느 줄기를 원줄기로 봐야 될지 난감했다.
2 생장추를 나무줄기의 정중앙에 직각 방향으로 돌려서 반대편까지 넣었다.
3 추출기를 생장추에서 뽑으면 기다란 목편이 나온다.
4 나무의 회복을 돕고자 뽑아낸 목편은 관찰한 후 다시 구멍 난 자리에 넣었다.

싶다. 설령 있다 해도 오래된 줄기가 꺾이고 풍상에 사라진다면 지금과 별 차이 없을 것이다.

동년배 잣나무에게 위안을 얻다

실망감에 빠져 귀가하다가 줄기와 줄기 사이가 뚜렷한 잣나무를 보았다. 이거다 싶지만 경찰서 인근이다. 소심한 소시민인 나는 다시 뒷산을 올라 잣나무를 찾았다. 아까 본 어린 잣나무처럼 마디 패턴이 뚜렷하진 않지만, 세어 보니 32마디다. 생장추로 나무를 뚫기 시작했다. 아까의 소나무와 다르게 잘 들어가지 않았다. 산에서는 해가 빨리 진다.

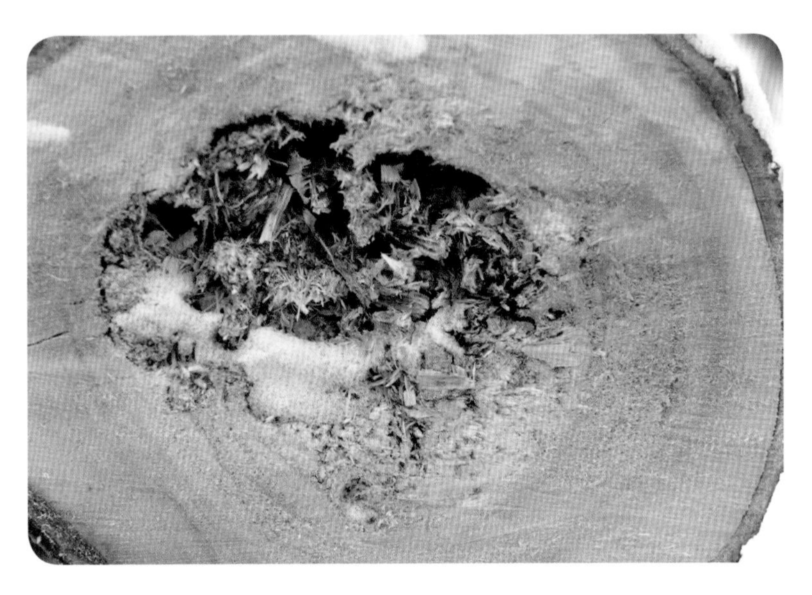

산을 헤매다가 간벌해 쌓아 둔 참나무를 보니, 내부를 벌레가 파먹은 것도 있다.
나이테를 세는 방법도 만능은 아니다.

사방이 어두워지며 조바심이 나 서둘렀더니, 손에 물집이 잡혔다. 혹시라도 생장추를 써 볼 독자라면 꼭 장갑을 끼고 작업하자.

빼낸 목편이 아까보다 나무 중심에 가깝게 잘 들어갔다. 역시 일이란 건 하면 할수록 는다. 나이테를 세보니 34살이다. 아까 세어 본 마디 수에 3, 4년을 더하면 34, 35살이니 얼추 들어맞는다. 돌려나기로 줄기가 생기는 나무는 이런 방법으로 나이를 대략 알 수 있다고 한다. 하지만 이 방법을 모든 나무에 적용할 수는 없다. 앞서 살펴본 바처럼 자연에는 이론에 걸맞게 생긴 나무만 있는 것이 아니니 말이다.

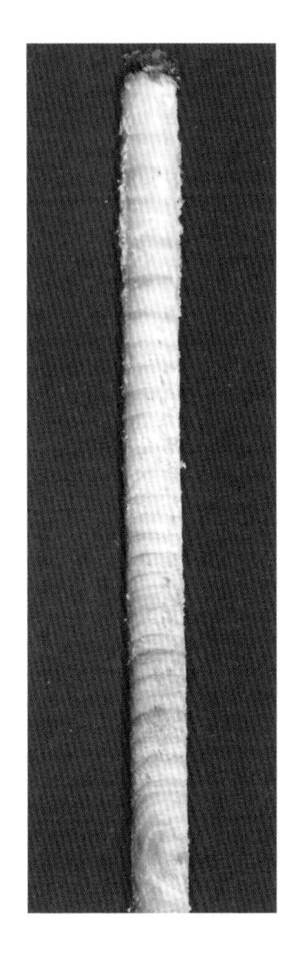

생장추로 목편을 뽑아내서 나이테를 세보니 34살이다. 마디를 세어본 결과와 얼추 비슷하다.

나이테를 세는 방법도 만능이 아니다. 산을 헤매다가 간벌해 쌓아 둔 참나무를 보니, 내부를 벌레가 파먹은 것도 있다. 지난 세월의 흔적이 지워져 생장추로도 어찌할 방법이 없다. 마을마다 하나씩은 있는 오래 묵은 나무를 봐도 그렇다. 내부가 썩어도 지탱할 수 있도록 충전재를 채워 놓아 나이를 알 길이 없다.

해가 질 무렵, 잣나무를 올려다봤다. 나보다 2, 3살 많은 나무인데 고개가 아플 만큼 키가 높다. 그의 나이테는 고르지 못하고 넓었다가, 좁았다가를 반복했다. 우여곡절을 겪은 흔적이겠지. 어떤 해는 기후가 안 좋을 테고, 어떤 해는 곤충들이 괴롭혔을 게다. 오늘처럼 엉뚱한 놈

잣나무. 마디를 세보니 32마디다. 거의 자라지 않았을 3, 4년을 더해보니 나와 또래다.

이 '민증 까보라'며 구멍을 뚫어대는 날도 있겠다.

비슷한 나이의 나무가 힘겹긴 했겠지만 어떻게든 삶을 살아낸 흔적들을 보며 자연스레 내 지난 삶을 되돌아보게 되었다. 지난 추억이 아름답게 채색되어 착각할 뿐, 어린 나이라고 고민의 무게가 가볍진 않다. 현생의 나는 그 고민들의 나이테가 누적된 결과다. 그런 점에서 '나이는 숫자에 불과하다.'는 경구는 절반쯤은 틀린 말이다.

힘겨운 삶에 피로를 느낀다면 주변에 흔한 나무의 나이를 알아보자. 꼭 인간이 경험할 수 있는 시간 한계를 뛰어넘은 노거수를 봐야만 마음의 울림이 생길까? 아니다. 자신처럼 힘겨운 삶을 살아왔지만 대견하게 훌쩍 커서 오늘도 열심히 살아가는 동년배의 나무에게도 위안을 얻을 수 있다.

물 먹는 솔방울?

겨울이 되면 대기 중 습도가 낮아지며, 특히 난방을 하는 실내의 습도는 더 떨어진다. 습도가 낮아지면 점막이 건조해지며 면역력이 떨어져 감기 같은 병원체가 원인인 병에 걸리기 쉬워진다. 가습기를 쓰는 것 외에 다른 대안도 있다. 대표적인 것이 빨래로 습도를 올리는 것이다. 매일 빨래하지 않으니 한계가 있지만 어차피 해야 할 일인 빨래 · 건조를 통해 가습도 할 수 있는 것은 장점이다.

그 외에도 물을 머금는 소재로 가습하는 방법이 있다. 다공성 물질인 숯과 솔방울을 이용하는 것이다. 심지어는 솔방울을 습도계로 쓸 수도 있다는 이야기도 들었다. 솔방울을 이용한 가습이야 빨래한 옷을 말리는 것처럼 효과가 있겠지만, 습도계로는 어느 정도 효과가 있을지 궁금했다.

어떤 방울열매가 물을 머금기에 적당할까?

소나무의 솔방울을 이용할까 하다가 혹시 소나무의 친척들에게 더 쓸 만한 방울열매가 열리지는 않을까 궁금해졌다. 소나무는 씨가 겉으로 나는 식물 무리에 속하며겉씨식물문 그중에서도 방울진 열매가 열리는 무리구과식물강다.

방울열매가 열리는 무리에는 소나무과, 삼나무과, 측백나무과 등이 있는데, 이들의 열매를 도감으로 찾아보니 대부분 솔방울만큼 크지 않거나 습도에 따른 변화가 두드러질 것 같지 않다. 그래도 직접 확인하고자 청량리 근처의 홍릉수목원을 둘러보았다. 주로 침엽수를 심어 놓은 곳을 여러 번 둘러보았지만, 이미 정리를 해놓은 것인지 열리지 않은 것인지 소나무들은 솔방울 없이 깔끔했다.

다른 침엽수 중에서는 울릉도에서 자생한다는 소나무과에 속하는 솔송나무 열매를 봤다. 크기가 집게손가락 한 마디만 해서 가습 용도로 적합하지는 않겠지만 어쨌든 솔방울처럼 비늘이 있다.

그 외에도 땅에 떨어진 독일가문비나무와 삼나무의 열매를 찾았다. 독일가문비나무 열매는 길고 큰 편이지만, 열매 재질이 가볍고 약해 습기에 따른 변화가 거의 없을 듯하다. 삼나무 열매도 너무 작아서 습기에 따른 변화가 있어도 두드러지지 않을 것으로 보이며, 가시 같은 돌기가 많이 나 있다. 결국 소나무 열매, 즉 솔방울이 실험의 재료로 쓰기에 가장 적절하다는 결론을 내렸다. 공원 소나무에서 솔방울 50여 개를 땄다.

물을 머금으면 움츠러들었다가 건조해지면 꽃이 피듯이 비늘이 활짝 펴지는 것이 솔방울의 특성이다. 구조적인 원리는 간단하다. 벌어지는 부분을 구성하는 각각의 재질이 습도를 머금을 때 부피가 팽창하는 정도가 달라서* 그렇다. 마치 온도에 따라 팽창하고 수축하는 정도가 다른 금속을 강하게 붙여서 특정 온도에서만 전류를 흐르게 하는 기계장치와 유사하다.

이런 특성은 가습이나 습도계로 쓰기에 유용하다. 가습 용도로 쓸 때는 솔방울이 피는 것을 보고 다시 물을 적시면 되고, 아마도 펴지고 움츠러든 정도를 보고 습도를 파악할 수 있을 것이다.

*솔방울이 이런 구조인 이유는 확실하지 않다. 뿌리내려서 주변 식물들과 치열하게 경쟁하며 한살이를 살아내는 식물들에게 씨를 멀리 퍼뜨리는 것은 중요한 일이다. 소나무의 경우 씨를 바람에 날려 보내는데, 비바람이 몰아치는 날은 씨가 잘 날아가지도 않을뿐더러 날아가도 멀리 가지 못하기에 이런 특성이 생겼으리라 추측할 뿐이다.

습도계의 원리

습도를 측정하고자 습도계를 구했다. 실험 당시 사무실의 온도는 섭씨 22도, 습도는 22퍼센트였다. 습도를 백분율퍼센트로 표시를 하는 것은 어떤 의미일까. 공기 중 습기가 더는 기체 상태로 있지 못하고 액체 상태의 물로 바뀌는 상황을 습도 100퍼센트로 잡았을 때, 상대적인 습도를 백분율로 보여주는 것이다. 내가 실험에 사용한, 습도를 침으로 가리키는 방식의 습도계는 머리카락, 동물의 털처럼 공기 중 습도에 따라 부피가 변하는 소재의 팽창과 수축을 이용해 습도를 측정한다.

처음에는 예전에 문방구에서 구했던 온도계처럼 생긴, 습도만 볼 수 있는 습도계를 구하려 했지만 이 습도계처럼 온도계가 같이 있는 제품밖에 없었다. 괜히 기능을 하나 더 넣은 것은 아니다. 공기는 온도가 높을수록 더 많은 습기를 가질 수 있고 온도가 낮으면 가질 수 있는 수증기의 양이 줄어들므로, 온도가 습도 측정의 변수이기 때문이다.

즉, 한 공간에 같은 양의 수증기가 있어도 온도에 따라 변하는 수증기의 포화 상태를 기준으로 한 상대습도는 달라지는 것이다. 그래서 습도를 보여 주는 기기는 보통 온도 측정 기능이 함께 있다.

솔방울 습도계의 성능을 알아보자

물을 머금으면 움츠러드는 특성을 습도계로 이용할 수 있을지 알아보려고 물에 적신 솔방울과 마른 솔방울을 습도계와 함께 한 플라스틱 통에 넣어 보기로 했다.

물에 적신 솔방울은 15분이 지나자 움츠러들었다. 이렇게 물을 머금은 솔방울과 물에 젖지 않도록 유리그릇에 담은 마른 솔방울을 습도계와 함께 플라스틱 통에 넣으니 습도계의 침이 빠르게 움직였다. 습도 22퍼센트에서 80퍼센트에 이르기까지 채 30분이 걸리지 않았다. 습기가 빠져나가기 어려운 갇힌 공간인데다 젖은 솔방울과 습도계의 거리가 너무 가깝기 때문이다. 마른 솔방울은 3시간 반쯤 지나자 약간 움츠러들었지만, 큰 변화로 보기는 어려웠다.

3시간 반 동안 높은 습도에 노출되어도 큰 변화가 없으니 일상에서 습도계로 이용하기는 힘들겠다. 습도계는 실험을 시작한 지 30분 이후로 내내 80퍼센트 부근을 가리켰다. 가격이 저렴한 기계식 습도계에서 예상되는 오차와 젖은 솔방울과 거리가 가까웠다는 점을 감안하면 실제 습도는 80퍼센트보다 약간 낮았을 것이다.

사람이 대체로 쾌적함을 느끼는 습도는 40~70퍼센트라고 한다. 그렇다면 쾌적함을 느끼는 습도의 최고치보다 약간 높은 수치에서 3시간

1 솔방울을 물에 적시니 15분이 지나자 움츠러들었다.
2 물을 머금은 솔방울과 물에 젖지 않도록 유리그릇에 담은 마른 솔방울을 플라스틱 통에 넣고, 습도계를 위쪽에 붙였다.
3 1시간 반 경과, 변화가 없었다.
4 2시간 반 경과, 역시 변화가 없었다.
5 3시간 반이 지나니 약간 움츠러들었지만 큰 변화라고는 할 수 없다.

반 동안 노출되었는데도 솔방울은 큰 변화가 없었다는 말이 된다.

다음날 솔방울을 확인해보니 물에 적신 솔방울만큼은 아니지만 확실히 처음 실험을 시작했을 때보다 많이 움츠러들었다. 밤사이에 확인해보지 못해서 정확히 얼마 동안 높은 습도에 노출되어야 상태가 변하는지 알 수 없었지만, 어쨌든 공기 중 습도에 따라 상태가 변하기는 한다는 것은 알았다.

습도계로 쓰기에 실용성이 많이 떨어지지만 물건의 용도가 실용성에만 있는 것은 아닐 것이다. 그러고 보니 이렇게 오랫동안 솔방울을 유심히 들여다본 적이 없었는데, 이제 보니 솔방울의 모양과 색이 참 예쁘다. 외출이 꺼려지는 겨울에 집안에 솔방울을 두면 가습 효과도 높이고, 습도에 따라 변하는 모습도 관찰할 수 있을 테니 소소하나마 일석이조의 효과를 얻겠다.

다음날 솔방울을 확인해보니 통에 넣지 않은 솔방울보다 많이 움츠러들었다.

그 이야기, 정말일까?

‘끓는 물속 개구리’ 이야기

한번쯤 '끓는 물속 개구리' 이야기를 들어본 적이 있을 것이다. 개구리를 뜨거운 물에 넣으면 위험을 감지하고 곧바로 반응하지만, 상온의 물에 넣고 천천히 가열하면 온도 변화를 감지하지 못하고 그대로 익어버린다는 이야기다.

나름 이 이야기의 근거라며 프랑스 요리의 개구리 조리법이라고 설명하는 이도 있고, 권위에 호소하는 전형적인 문구인 '미국의 모 대학 연구진에 따르면'으로 시작하는 글도 볼 수 있다. 그러나 둘 다 출처는 찾을 수 없었다.

개구리 이야기는 점진적으로 증가하는 위협에 무사안일하게 대응하는 사람이나 조직을 비유하는 데 정말 많이 인용된다. '끓는 물속 개구리'로 인터넷에서 검색해보자.

가장 인용 빈도가 높은 것은 '빠르게 변화하는 시장에서 기업이 살아남으려면 개구리처럼 안일해서는 안 된다.' '외국인 투자자들이 서서히 빠져나가는 것을 주시하지 않으면 끓는 물속 개구리처럼 주식에 넣어 둔 돈을 다 잃게 된다.'는 것처럼 특히 경제 · 경영 관련 분야에서 많이 인용된다. 그 외에도 토론 게시판과 댓글, 혹은 트위터 같은 소셜 미디어에서도 개구리 이야기를 자주 볼 수 있다.

'무사안일 개구리'는 어디서 비롯된 걸까?

이처럼 '끓는 물속 개구리'가 많이 인용되는 것을 보면, 사람들은 이 이야기가 확실한 과학적 근거가 있다고 믿는 것 같다. 그렇다면 '끓는 물속 개구리' 이야기에 관한 믿음은 어떻게 탄생했을까?

인터넷 백과사전인 위키피디아에 따르면, 이 이야기는 19세기에 있었던 일련의 실험에 근거를 두고 있다. 1869년에 독일의 생리학자 프리드리히 골츠Friedrich Goltz가 했던 실험이 최초인데, 개구리를 물에 넣고 10분간 섭씨 17.5도에서 56도까지 온도를 올렸더니분당 3.85도를 올린 셈이다 정상적인 개구리는 뜨거움을 느끼고 뛰쳐나가지만 '뇌를 제거한' 개구리는 그대로 익어 버리더라는 다소 어이없는 실험이다.

이어서 1872년 하인츠만Heinzman은 90분간 섭씨 21도에서 37.5도까지 올렸더니분당 약 0.2도를 올린 셈이다 개구리가 물에서 탈출하지 않았다고 하며, 1897년의 어느 실험에서는 비슷한 조건으로 56도까지 올렸더니 2시간 반 만에 개구리가 죽었다고 한다.

그러나 오늘날 이 실험 내용들을 신뢰하는 과학자는 없다. 대표적으로 미국 오클라호마대학교 허치슨Victor H. Hutchison 교수는 '끓는 물속의 개구리' 이야기는 명백히 틀렸다고 말한다. 그는 다양한 양서류와 온도와의 상관관계에 관해 이와 비슷한 실험을 했는데, 그 결과 온도가 올라갈수록 개구리는 활발해졌고, 결국에는 그릇 속에서 뛰쳐나왔다고 한다.

문헌으로만 보면 '끓는 물속 개구리' 이야기는 허구일 가능성이 높아 보여 실험을 준비했다. 그럼에도 혹 개구리가 정말로 익어버리는 게 아닐까 하는 걱정이 생겼다. 주변에서 동물학대로 비난받지 않겠냐는 의견들도 많았다. 하지만 긴가민가하면 그냥 해보는 게 답일지도 모른다. 확인해보자.

야생 개구리는 법적으로 보호하고 있어 잡거나 죽여서는 안 된다. 그래서 개구리 양식 업체에서 참개구리 몇 마리를 구입했다. 참개구리는 주변에 흔하고 또 비교적 수온이 따뜻한 논이나 늪지에서 살기 때문에 실험에 적당하다 싶었다. 또 아무래도 양식 개구리이니 사람 손을 타서 다루기가 쉬울 것 같았다.

1 버너
2 모래를 담은 양은그릇
3 비커
4 참개구리
5 온도계

앞서 언급한 개구리 실험과 최대한 유사하게 실험을 진행하기로 했다. 실험에서 관건은 개구리가 들어 있는 물의 온도를 서서히 올리는 것이다. 고민하다가 물이 든 비커를 직접 가열하지 않고, 모래가 담긴 양은그릇을 가열하고 그 위에 비커를 올려놓기로 했다. 그리고 물의 끓는점보다 높은 섭씨 110도까지 잴 수 있는 온도계를 준비했다.

물은 점점 뜨거워지고

참개구리는 생각보다 뛰어오르는 힘이 셌다. 빗물을 받아 둔 큰 통에 참개구리를 잠시 담아 두었는데, 수면에서 20센티미터쯤 되는 높이를 훌쩍 뛰어넘어 사방팔방 뛰어다니는 통에 다시 잡느라 한바탕 곤욕을 치렀다. 비커에 넣으면 가열하기도 전에 뛰쳐나오는 게 아닐지 걱정될 정도였다.

모래를 담은 양은그릇을 버너 위에 올려놓았다. 그리고 그 위에 물을 담은 비커를 놓고 개구리를 넣었다. 아니나 다를까, 비커에 넣자마자 개구리가 풀쩍 뛰어올랐다. 도망치지 못하게 비커 입구를 손으로 막았다. 시간이 지나니 주변 환경에 적응했는지 큰 움직임을 보이지 않았다. 실험 당시 기온은 섭씨 31도였고, 준비한 비커 속 물이 26도라서 개구리가 온도에 적응할 시간이 필요한 것 같았다. 정확한 온도 측정을 위해서 비커 한 가운데 온도계가 오도록 고정했다. 그리고 버너를 켰다 껐다 반복하며 서서히 가열했다.

섭씨 27도부터 34도까지는 개구리는 별다른 반응을 보이지 않았다.

1 가열 도구들을 맞추고 온도계를 노끈으로 메어 물속 한가운데에 오도록 조절했다.
2 개구리를 넣고 섭씨 34도까지 버너를 켰다 껐다 하며 서서히 가열했다.
3 34도를 넘어서면서 개구리의 움직임이 활발해졌다.
4 비커를 기어올라 탈출하는 참개구리. 탈출 직후 온도는 섭씨 38.5도였다.
5 비커에서 빠져나온 뒤 한동안 움직이지 않았다.

34도를 넘어가면서부터 움직이기 시작했다. 충분히 뛰어오를 수 있을 텐데, 미끄러운 비커 벽면을 기어오르려고만 했다. 섭씨 36도를 넘어가면서부터는 움직임이 부쩍 활발해졌다. 탈출 시간이 임박했음을 느끼며 카메라를 들고 기다리니, 마침내 비커 벽면을 기어올라 탈출했다. 온도계를 보니 섭씨 38.5도였다. 가열 시작 온도가 섭씨 26도였고 총 45분간 가열했으니 분당 약 0.3도씩 온도를 올린 셈이다.

결코 둔하지 않은 개구리

직접 실험해보니 개구리는 결코 미련하거나 신경이 둔하지 않았다. 이번 실험은 평범한 주택 옥상에서 진행했는데, 주변에 채소를 키우는 큰 화분과 빗물을 받아 두는 큰 대야가 놓여 있었다. 개구리는 높은 곳에서 내려올 때 꼭 물이나 흙 같은 부드러운 곳으로 내려앉지, 한 번도 딱딱한 콘크리트 바닥으로 내려앉지 않았다. 그만큼 운동 신경과 주변 환경을 감지하는 감각이 뛰어나다는 방증이 아닐까.

어쨌든 개구리는 서서히 끓어오르는 물속에서 얌전히 죽음을 맞지 않았다. 결국 '끓는 물속 개구리' 이야기도 인간중심적인 사고가 빚어낸 허구라는 것을 알 수 있다. 모든 생물은 오랜 세월 주변 환경에 나름대로 적응해 살아왔다. 개구리는 변온동물이기에 어쩌면 온도 변화에 더 민감한 생물일지도 모른다. 그러니 천천히 다가오는 위기를 깨닫지 못하고 현실에 안주하는 이들을 이야기할 때 애꿎은 개구리를 떠올리지 말았으면 좋겠다.

실험을 마치고 참개구리를 근처 연못에 풀어 주었다.

튀어라 병아리!

어릴 적 좋아했던 컬러판 학습대백과의 동물 편에는 새의 행동을 설명하는 인상 깊은 삽화가 있었다. 목이 짧고 꼬리가 긴 비행기를 만들어 날릴 때 황급하게 땀을 흘리며 도망가는 병아리와 목이 길고 꼬리가 짧은 비행기를 날릴 때 딴청 피우는 병아리를 대조시켜 그린 작은 삽화였다. 그리고 병아리는 맹금류와 비슷한 비율의 비행기는 본능적으로 피하고, 아닌 비행기에는 위협을 느끼지 않는다는 짧은 설명도 덧붙여져 있었다. 지금도 생생히 기억나는 걸 보면 어린 마음에도 그 말이 무척 인상 깊었나 보다.

가짜 맹금류 만들기

어떻게 해야 병아리들 머리 위로 지나가는 새를 흉내 낼 수 있을지 고민했다. 병아리들이 자주 움직일 테고, 현장의 여건은 계속 달라질 수 있다. 그러니 실제로 날릴 수 있는 비행 도구여야 하므로, 글라이더를 선택했다. 실험에 쓴 글라이더는 아카데미 과학사에서 파는 초급자용 글라이더다.

어린 시절 만들던 것과 크게 달라진 점은 없었다. 구성품은 다 포함

원전(原典)을 찾아서

아쉽지만 살면서 여기저기 이사를 다니다 보니 학습대백과는 사라진 지 오래였고 시중이나 도서관에도 없었다. 어린이들 보라고 만든 학습대백과였으니 확실한 근거 문헌이 있으리라 생각하고 원전을 찾았다. 오래 전 책이라는 점을 고려했을 때 동물행동학 분야의 초창기 연구결과를 참조한 게 아닐까 싶었다.

그렇다면 병아리의 본능을 말한 사람이, 새들이 어릴 때 특정 시기에 본 대상을 어미로 알게 된다는 '각인'을 밝혀낸 콘라드 로렌츠(Konrad Lorenz)가 아닐까? 하지만 국내에 번역된 콘라드 로렌츠의 책에는 그런 내용이 없었다.

검색어를 다르게 해 수차례 검색한 결과 '니코 틴버겐(Nikolass Tinbergen)에 따르면 병아리들은 목과 꼬리의 길이 비율만으로 무서운 새인지 아닌지 판단하는 본능이 있다'고 언급한 구절을 찾았다. 여전히 출처는 없었다. 한 심리학 개론서에 비슷한 내용이 언급되어 있는데 절판되어 구할 수 없는 책이었다.

콘라드 로렌츠와 달리 국내에 소개된 니코 틴버겐의 책은 매우 적었고 거기에도 찾는 내용은 없었다. 가시고기의 행동과 갈매기 행동 연구로 여러 동물행동학적 개념을 제시하고 콘라드 로렌츠와 함께 노벨상을 받은 유명한 학자지만, '병아리의 맹금류를 피하는 본능'은 그의 다른 연구업적에 비해 사소한 부분이었나 보다.

되어 있지만, 대나무살을 자르고 균형을 잡는 과정을 반복해야 했다. 목과 꼬리의 비율이 다른 비행기를 만들고자 하나는 날개 위치를 정위치보다 앞으로, 다른 하나는 뒤로 고정하고 너트를 이용해 무게 중심을 잡았다.

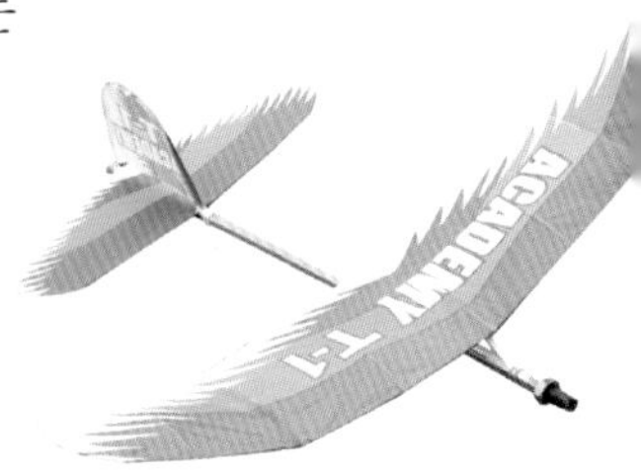

제대로 닭답게 사는 재래닭

병아리 머리 위로 글라이더를 날려도 너그럽게 이해해줄 양계장을 찾아 여러 번 전화를 했지만, 늘 그렇듯, 거절이 이어졌다. 그러다 병아리가 스트레스 받을 것을 걱정하면서도 하고 싶으면 오라며 흔쾌히 허락한 곳이 있었다. 소망농원이다.

경기도 화성시에 위치한 소망농원은 이남철, 허미숙 부부가 13년째 자연에 풀어 키운 재래닭으로부터 유기농 계란을 생산하는 곳이다. 보통 알려진 토종닭은 오랜 세월 동안 외래종과 섞여 왔는데, 농촌진흥청 축산과학원이 15세대에 걸쳐 외래종의 특성을 제거하고 고문헌을 통해 확인한 조선시대 닭의 특성을 복원한 닭이 재래닭이란다. 종종 수탉의 높은 울음소리가 들리는 가운데 넓은 농원에서 다양한 재래닭들이 활보하는 풍경이 시원스러웠다.

먼저 눈에 띄는 것은 커다란 차양막 아래서 모래 목욕을 하는 닭들이었다. 허미숙 씨는 "닭은 체온이 높아 목욕으로 조절해야 한다."며 농원에서는 온난방 시설을 만들지 않고 최대한 자연에 가깝게 키운다고 설명했다.

1~3 색이 다양한 재래닭. 축산과학원이 15세대에 걸쳐 외래종의 특성을 제거하고 고문헌을 통해 확인한 조선시대 닭의 특성을 복원한 닭이다. **4** 모래 목욕을 하는 닭들 **5** 병아리를 거느린 암탉이 발로 땅을 헤집으니 병아리들이 무언가를 열심히 쪼아 먹었다. **6** 사진을 찍으려고 몸을 낮추자 경계심을 보이던 녀석들이 갑자기 후두둑 흙먼지를 일으키며 무리지어 도망쳤다.

둘러보니 정말 자연스러웠다. 모래 목욕을 하는가 하면 짝짓기도 하고, 병아리를 거느린 암탉이 발로 땅을 헤집으면 병아리들은 무언가를 열심히 쪼아 먹었다. 가까이 접근하자 경계심을 보이던 녀석들이 사진을 찍으려고 몸을 낮추자 갑자기 흙먼지를 일으키며 후두둑 무리 지어 도망쳤다. 마치 세렝게티 초원의 들소떼 같다.

평생을 좁은 계사에 갇혀 1~2년간 알을 낳으면 용도폐기되는 산란계들과 다르게 이곳에는 13살 먹은, 이 농원의 역사와 함께 한 닭도 있다니 닭답게 사는 이 재래닭들이 참 행복해 보였다. 하지만 나는 이 넓은 농원에서 빠르게 돌아다니는 닭들을 상대로 실험할 생각을 하니 막막해졌다.

먹기에 바쁜 닭 머리위로 글라이더 날리기

다행히도 다 큰 닭들은 농원의 위쪽 너른 사면에, 중닭과 병아리를 거느린 암탉들은 인가에 가까운 평탄하고 넓지 않은 아래쪽에 있었다. 하지만 병아리들이 생각보다 빨라서 그들 머리 위로 글라이더를 날려 보내기가 만만하지 않았다.

집 근처에서 날려볼 때는 문제없이 잘 날던 글라이더들이 바람이 약간 부니 요동을 쳤다. 도와주겠다고 동행한 친구와 함께 수십 차례 헛짓을 했더니, 멀리서 보고 있던 허미숙 씨가 삶은 달걀을 부숴서 마당에 던졌다. 먹이를 보고 병아리뿐만 아니라 멀리서 놀던 닭들까지 몰려들었다.

삶은 달걀을 쪼아 먹느라 여념 없는 병아리들 위로 준비한 글라이더를 수십 차례 날릴 수 있었다. 글라이더가 머리 위로 뜰 때면 병아리들이 경계하며 피했는데, 날개를 앞쪽으로 고정해 맹금류의 머리 대 꼬리 비율을 흉내 낸 글라이더가 지나갈 때 적극적으로 피했다. 하지만 오리와 기러기를 흉내 낸 글라이더도 피하기는 마찬가지여서 뚜렷한 차이라고 할 정도는 아니었다.

생각해보니 맹금류의 머리 대 꼬리 비율을 가진 것은 매나 황조롱이뿐만이 아니다. 까치나 어치 같은 새들도 목이 짧고 꼬리가 긴 편이다. 까치가 병아리를 공격하는 일은 없을까? 허미숙 씨의 말에 따르면, 그런 일이 가끔 있지만 어미닭들의 반격을 견뎌내기 힘들다고 했다. 실제로 병아리들의 머리 위를 공습한 글라이더가 땅에 떨어지자 털을 곤두세우고 위협행동을 하는 어미닭들을 볼 수 있었다. 이곳의 병아리들은 풀어 기르는 만큼 많은 천적에 노출되어 있다. 들고양이, 너구리 등 들짐승들이 수시로 틈을 엿본다. 겨울에는 실제로 매가 날아오기 때문에 피할 곳을 만들어 주기도 한단다.

1 맹금류의 머리 대 꼬리 비율을 흉내 낸 글라이더가 머리 위로 지나갈 때 피하는 모습. 오리와 기러기를 흉내 낸 글라이더에도 피했다.

2 병아리들의 머리 위를 공습한 글라이더가 땅에 떨어지자 털을 곤두세우고 위협행동을 하는 어미닭

자연은 사람 생각만큼 단순하지 않다

병아리들은 목이 길고 꼬리가 짧은 글라이더와 목이 짧고 꼬리가 긴 글라이더를 구별하기 보다는 비행체에 반응하는 것으로 보였다. 이남철 씨에 따르면 닭들은 인근의 비행장에서 떠오르는 경비행기나 인천공항으로 향하는 비행기에도 반응을 보인다고 했다. 그리고 병아리들보다 중닭이나 다 큰 닭들이 글라이더에 더 민감하게 반응하는 것이 병아리들의 본능에 의심을 품게 만든다. 실제로 글라이더를 보고 큰 닭들이 후다닥 피하는 것에 반해 같은 곳의 병아리들이 태연하거나 반응이 늦는 모습이 간혹 보였다.

글라이더를 보고 큰 닭들이 후다닥 피하는 것에 반해 병아리들은 태연한 모습이 종종 눈이 띄었다.
과연 병아리들에게 맹금류를 피하는 본능이 있는 것일까.

병아리들의 비행체를 피하는 행동이 본능이라기보다 산전수전 다 겪은 어른들의 행동을 학습하는 것이 아닐까 하는 생각이 들었다. 의미를 알 수 없는 그들의 소리가 경험 많은 어른들이 보내는 위험신호고, 병아리들은 이 신호를 듣고 반응하는 것일지도 모른다.

몇 줄의 이론과 삽화만 보고 명확한 결과를 기대했던 게 잘못이었을까. 결과적으로 어릴 적 삽화에서 본 것처럼 명확한 반응은 나오지 않았다. 이남철 씨는 "우리가 닭을 잘 아는 듯하지만 실제로는 잘못 알거나 몰랐던 사실들이 많다."며, 인터넷의 글만 보고 실체를 보지 못한 요즘 아이들은 병아리가 알을 깨고 나와서 열흘 동안 물을 안 먹는 줄 안다며 웃었다.

사람은 복잡한 자연현상에 단순한 설명을 붙이고 싶어 한다. 하지만 자연은 생각만큼 단순하지 않아서 명쾌한 설명을 만들어 내기까지 많은 노력과 시간이 필요하다. 기회가 된다면 공장식 대량사육 양계장에서 어미를 만나지 못한 병아리를 대상으로 실험해보고 싶다. 그런 실험을 허락할 너그러운 주인이 또 있을지는 의문이지만 말이다.

모기 물린 데는
명아주 잎이 즉효약?

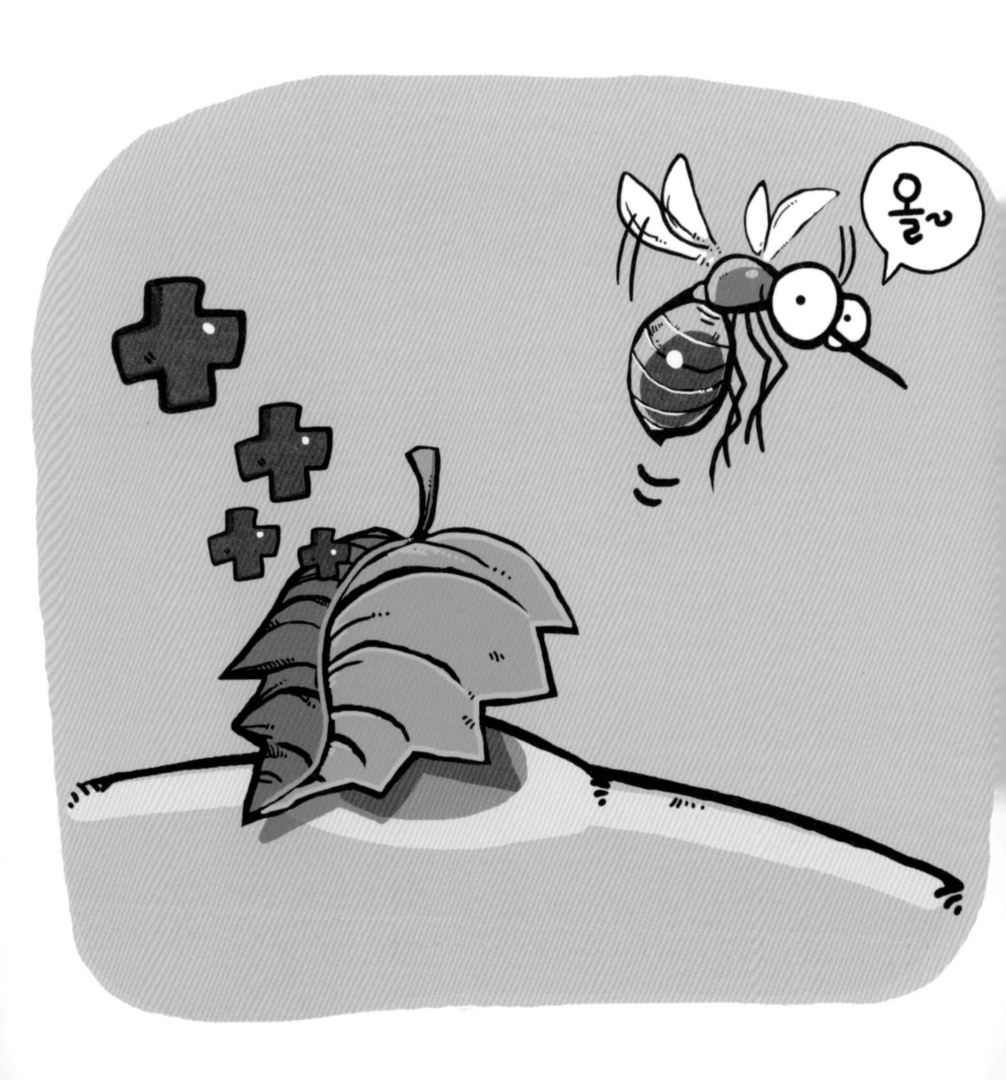

여름밤을 설치게 하는 것은 더위만이 아니다. 살짝 잠이 들었는데 귓가에 들리는 '왱-' 소리를 들으면 성가시기도 하고 화가 치밀기도 한다. 간혹 너무 곤하게 잠들어 소리를 못 듣더라도 모기가 물면 가려워서 잠을 설치고, 결국 일어나서 모기약을 찾게 된다.

이쯤 되면 다산 정약용의 글에서 "호랑이나 뱀을 만나는 것은 두렵지 않지만 밤중의 모기는 두렵다."는 대목에 공감한다. 견문발검見蚊拔劍이란 고사성어는 하찮은 일에 너무 크게 덤벼든다는 의미로 쓰이는 고사지만, 한밤중에 모기에 물렸을 때 치솟는 분노를 생각하면 칼을 뽑은 심정도 이해 못할 게 없다.

친환경적으로 모기를 쫓다

이렇게 소리와 가려움증으로 깊은 잠을 방해하는 모기를 어떻게 해야 할까. 모기약을 마구 뿌리는 건 찜찜하고. 아마도 가장 합리적인 대안은 모기장일 것이다. 잘 때 모기장을 치는 번거로움이 있지만 거기에는 어떠한 위해요소도 없다. 차선책으로는 모기를 쫓는 식물을 활용하는 방법이 있다.

2010년 다수의 언론매체에 따르면, 과천시에서는 모기 없는 여름을 위해 등산로와 산책로 주변에 구문초 1천 500주를 심고, 어린이 보육시설과 경로당에도 구문초 화분 1천 개를 전달했다고 한다. 몇몇 다른 지자체에서도 공공장소에 모기를 쫓는다고 알려진 구문초를 심었다.

구문초 외에도 모기가 기피하는 식물이 더 있는지 찾아 실험해보기로 했다. 인터넷을 찾아보니 방송프로그램 〈스펀지〉에서 이미 한 실험이었다. 마늘, 약재로 많이 쓰는 계피와 야래향이라는 식물의 꽃이 모기를 쫓는다고 한다. 방송이 선수 친 실험 소재에 아쉬워하고 있을 때 식물의 잎을 찧어 모기 물린 데 바르면 빨리 낫는다는 말을 전해 들었다.

실제로 부경숲해설가협회 성정미 국장은 아이들을 이끌고 숲해설을 할 때 모기에 물린 아이들에게 이 방법을 쓰며, 숲 해설의 소재로 활용한다고 한다. 그의 경험으로는 명아주 잎이 가장 효과가 좋지만 적당히 도톰하고 즙액이 나오는 잎을 쓰면 대부분 효과가 있단다.

꽤 솔깃한 이야기다. 산행이나 나들이할 때 항상 모기 기피제나 모기 물린 데 바르는 약을 가지고 다니지는 않는다. 그럴

모기는 동물이나 사람의 피부에다 빨대처럼 생긴 입을 찌르고 혈액의 응고를 방지하는 침을 주입하면서 여러 가지 병원성 생물을 옮기는 매개체기도 하다. 모기 침은 사람들에게 일종의 항체–항원 반응을 가져와 가려움을 느끼게 하며, 이때 일본뇌염 같은 바이러스나 말라리아원충 등이 함께 주입된다.

최근에는 해외여행을 떠나는 인구가 늘어나다 보니, 열대나 아열대 지역에서 발생하는 모기가 매개하는 뎅기열이 국내에서 발생할 수 있다는 우려도 커진다. 각각의 질병마다 매개하는 종이 다른데 뎅기열 매개 모기 중 하나인 흰줄숲모기가 전국에서 발견되고 있단다. 학질이라 부르던 말라리아도 북한 접경 지역에서는 건재하다니 요건만 맞으면 언제고 다시 퍼질 가능성이 있는 셈이다.

때 잎을 하나 따서 손으로 대강 즙을 내어 발라 주면 된다는 이야기다. 매우 간단하면서도 친환경적이다.

실험의 기본은 의심하기

혹시 식물 잎이 효과가 있다는 강한 확신이 가려움을 덜하게 한 것은 아닐까. 약물의 성능을 실험할 때는 피험자의 생각이나 태도가 실험 결과에 영향을 미치지 않도록 이중맹검법double blind method을 써야 한다. 예컨대 치료제를 실험한다면 피험자들에게는 치료제를 투여하고 다른 한 무리의 피험자들에게는 가짜 치료제를 투여한 후, 누가 진짜 치료제를 먹고 누가 가짜 치료제를 먹었는지 알려 주지 않아야 약의 효능에 대한 평가가 가능한 것이다. 가짜 치료제를 먹은 환자에게 나타난 효과보다 진짜 치료제의 효과가 크지 않다면 그 약은 효용성이 없다고 봐야 한다.

그래서 모기를 잡아 세 방 물린 뒤 한 곳은 그냥 두고, 한 곳은 물을 바르고, 한 곳은 잎을 찧어 바르기로 했다. 하지만 물이 효과가 있다고 생각하는 사람에게 실험을 해야 할 텐데 그런 사람을 구할 수가 없었다. 그래서 그냥 스스로 물의 효능에 확신을 가지며 실험을 진행하기로 했다.

사실 모기 물린 데 바르는 약을 대신해서 쓰는 물질은 여러 가지가 있다. 한때 대세였다가 2차 감염 가능성이 알려져 점차 줄어든 침 바르기도 그중 하나다. 세균이 모기 물린 곳에 침투하는 부작용이 있을지는 모르지만 침이 증발하며 열을 빼앗아 갈 때 느끼는 시원함이 가려움을 줄일 수도 있다. 물이라면 비슷한 증발작용을 할 것이므로 잎의 효능과 대조하기에 좋을 것 같다.

일단 특효가 있고 밭 가장자리나 공터 같은 곳에 많이 자라는 명아주를 찾았다. 명아주는 어린 순을 나물로 먹으며, 생즙은 일사병과 독충에 물렸을 때 쓴다고 한다. 이 외에도 현장에서 효과를 봤다는 쐐기풀과 효과가 예상되는 메꽃 잎도 채취했다. 혹시 먹는 야채 중에도 효과가 있는 식물이 있지 않을까 싶어서 깻잎, 쑥갓, 갓을 채취했다. 이들 쌈 채소들도 효과가 있다면 고깃집에서 고기를 먹다가 모기에 물렸을 때 바르면 좋겠다는 생각이 들었다.

1 동네 도서관 공터에서 발견한 명아주. 어린 순을 나물로 먹으며, 생즙은 일사병과 독충에 물렸을 때 쓴다고 한다.
2 효능을 알아보려고 메꽃, 깻잎, 쑥갓, 갓, 쐐기풀 등의 잎들을 수집했다.

모기에 물려야만 한다

이제 모든 준비는 끝났고 모기에 물리기만 하면 된다. 모기를 구하는 건 어렵지 않았다. 입구가 넓은 플라스틱 병으로 벽면에 붙은 모기들

을 산채로 잡았다. 병에 10마리쯤 넣고 보니 마음이 뿌듯했다. 이제 이

녀석들에게 물릴 팔이나 다리만 대주면 된다.

페트병 한 쪽을 자른 후 토시를 적절히 잘라 스테이플러로 찍어 페트병에 고정시켰다. 그리고 모기들이 나가지 못하도록 조심스럽게 페트병으로 이동시키고 고정시킨 토시에 손을 들이밀었다.

그런데 모기들이 전혀 물지 않았다. 너무 좁은 통에 갇혀서 그렇거나 손이 그다지 맘에 드는 부위가 아닌 것 같았다. 페트병을 더 구해

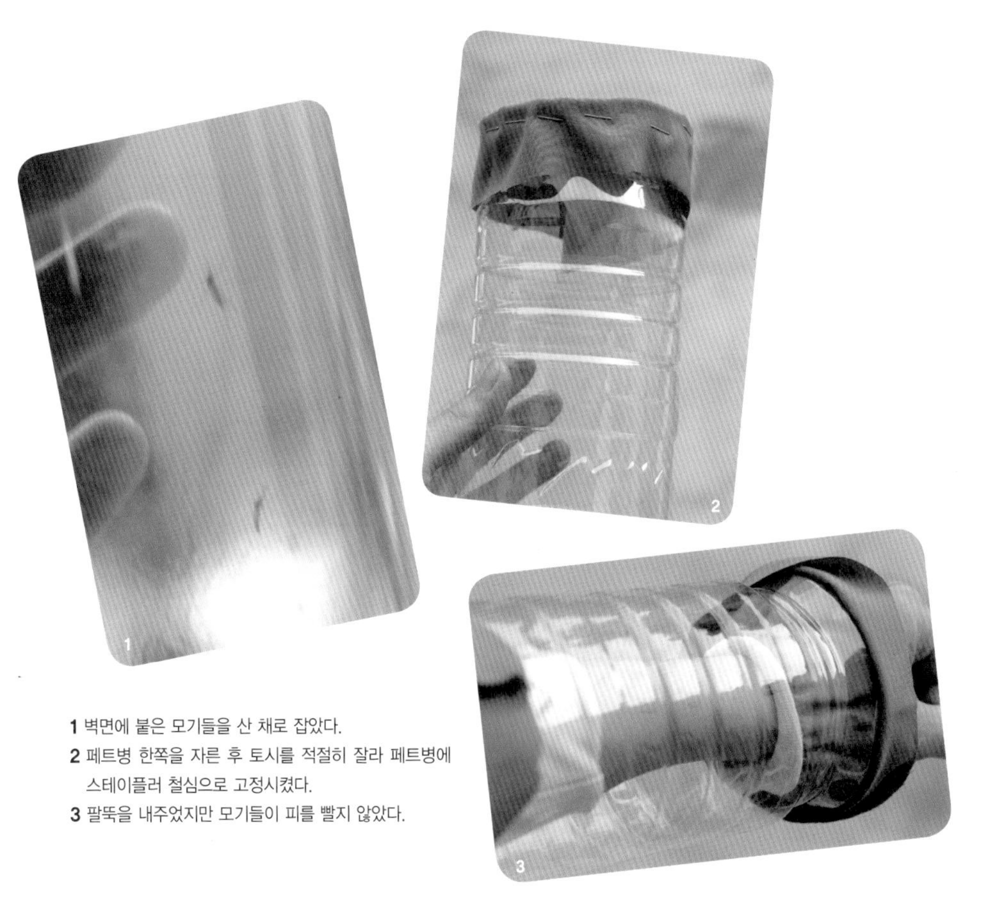

1 벽면에 붙은 모기들을 산 채로 잡았다.
2 페트병 한쪽을 자른 후 토시를 적절히 잘라 페트병에 스테이플러 철심으로 고정시켰다.
3 팔뚝을 내주었지만 모기들이 피를 빨지 않았다.

연결하고 팔뚝을 온전하게 모기들에게 내주었다. 종종 모기들이 팔뚝에 앉아서 소스라쳤지만 모기가 놀라지 않도록 꾹 참았다. 그런데도 도통 피를 빨지 않았다. 발 냄새를 좋아한다기에 씻지 않은 발을 내어 주었다. 하지만 역시 물지 않았다.

모기 입장에서 생각하기

살면서 모기가 물지 않아서 화가 나기는 처음이었다. 밥상을 차려 줘도 거들떠보지 않으니 답답했다. 그런데 곰곰이 생각해보니 모기 입장도 이해 못할 것은 아니었다. 자유롭게 날아다니던 녀석들이 빛이 산란되는 이상한 플라스틱 안에 갇혀서 당황스러운 판국에 들이미는 손과 발에 식욕이 생길 리가 없을 것 같았다. 모기라면 당연히 내 피를 빨아야 한다는 인간중심적인 생각으로 모기를 대한 나의 패착이다.

그래서 모기가 사람을 무는 지극히 자연스런 상황을 만들기로 했다. 처음 모기를 잡아서 모았던 플라스틱 병에 다시 모기를 수집했는데, 실험 과정에서 많이 도망쳤는지 세 마리만 남아 있었다.

저녁을 간단히 치킨과 맥주로 때우고 집에 도착해 씻지 않고 모기에게 물릴 준비를 했다. 땀 냄새와 술 냄새도 모기를 유인하는 데 효과가 있다고 해서다. 풀잎과 물, 시계, 적을 것을 준비해놓은 후 가져온 모기들을 방에 푼 뒤 불을 끄고 누웠다.

한참 뒤 귓가에서 '왱-'소리가 났다. 얼굴에 물리면 무언가를 바르거나 관찰하거나 사진을 찍기에 영 불편할 것 같아 한 쪽 팔만 꺼내 놓고 이불을 뒤집어쓰고 기다렸다. 팔뚝에 세 방만 물기를 바랐는데, 모기들은 내 마음을 모르는지 가려운 느낌이 오는 곳은 손가락이었다. 참으며 더 물기를 기다렸지만 별 소식이 없었다. 일어나 불을 켜고 시간을 기록한 뒤 명아주 잎을 손으로 으깨어 물린 곳에 발랐다.

그렇게 물어 달라고 들이대도 거들떠보지 않던 녀석들이 그제야 구미가 당기는 모양이었다. 불을 켜고 명아주 잎을 으깨서 바르는 와중에도 한 녀석이 허벅지로 달려들었다. 모기를 생각하면 동물의 피를 빠는 데 최적화된 흡혈기계와 같은 정교한 이미지가 떠올랐는데, 녀석은 어설펐다. 털이 많은 부위에만 앉아서 흡혈을 시도하다가 번번이 실패하더니 마침내 무릎에 앉아서 피를 빨기 시작했다. 분명히 눈이 있으니 볼 수 있을 텐데 털 없는 착륙지점을 찾기도 어려울 만큼 시력이 나쁜 것 같았다.

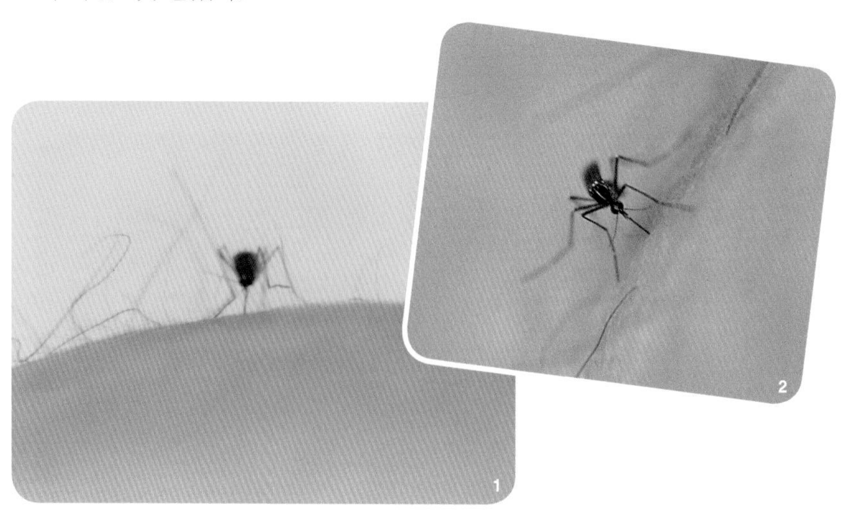

1~2 이 녀석은 여러 차례 털이 많은 부위에만 앉아서 흡혈을 시도하다가 실패한 뒤에야 무릎에 앉아서 피를 빨았다.

사진을 찍고 시간을 기록한 뒤 녀석을 쫓고서 물을 발랐다. 조금 더 기다리니 팔뚝에 다른 녀석이 앉았다. 다시 적당히 피를 내주고 시간을 기록했다.

명아주 잎의 효과는?

피를 빨만큼 빨아서인지 그 후로는 달라붙지 않아서 다시 플라스틱 병으로 모기를 채집하고, 물린 곳의 경과를 지켜보았다. 거의 동일한 곳, 예를 들면 허벅지에만 물린다거나 팔뚝에만 물린다거나 했으면 좋았을 텐데, 하필 더 가려움을 느끼는 손가락과 감각이 둔한 무릎 등에 나눠 물려서 아쉬웠다. 그리고 부어오르는 형태가 각각 달라서 붓기나 붉은 기가 가시는 정도를 평가하기도 난해했다.

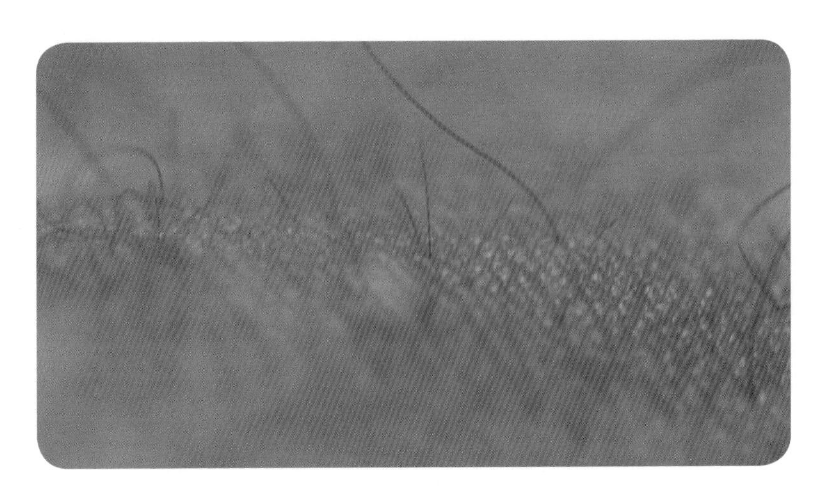

물린 부위가 빨갛게 부어올랐다. 물린 두 곳에 각각 명아주 잎과 물을 바르고 한 군데는 그냥 둔 뒤 가려움이 가라앉기까지 걸리는 시간을 쟀다.

어쨌든 가려움이 가라앉는 시점을 기록해 비교해보니, 명아주 잎을 바른 경우 가려움이 완전히 가라앉기까지 11분, 물을 바른 경우는 31분, 그냥 둔 것은 33분이 걸렸다. 명아주 잎이 가려움을 해소하는 데 즉효라 하기에 다소 긴 느낌은 있지만, 모기에 물리면 유난히 더 괴로운 부위인 손가락이었다는 점을 감안한다면 효과가 있다고 봐야 할 것 같다.

물을 바른 경우는 그냥 둔 것에 비해 큰 차이가 없었다. 어쨌든 궁금증을 속 시원하게 해결하지 못해서 아쉽다. 내년 여름에 들이나 산에서 모기에 뜯길 기회가 있다면 다시 한 번 확인해보고 싶다.

모기 잡는
은행나무?

곤충은 대개 식물을 갉아먹는다. 심한 경우에는 한 나무를 망신창이로까지 만든다. 반면, 오랜 세월을 버텨와 살아 있는 화석이라 불리는 은행나무에서 곤충에 뜯긴 흔적을 찾기는 힘들다. 홀로 초연한 모습이다.

일본의 식물학자 가와이가 정원 수목 40종을 대상으로 조사한 결과에 따르면 해충을 총 344종 찾아냈지만, 은행나무에는 6종의 해충만 있었고 피해도 경미했다고 한다. 그렇다면 은행나무에 벌레가 싫어하는 물질이 있는 것일까? 아니면 다른 이유가 있는 것일까?

강남구청에서 힌트를 얻다

이러한 은행나무의 특성에 주목한 것은 학자뿐만이 아니다. 민간에서도 종이를 갉는 좀을 잡으려고 은행잎을 책갈피에 끼운다거나 은행잎을 집안 구석구석에 놓아 바퀴벌레의 접근을 막기도 했다. 실제로 검증해보고 싶은 흥미로운 속설들이지만 막상 하려고 하니 좀이나 바퀴벌레를 구하기가 쉽지 않았다.

그러던 중 눈에 띄는 기사를 발견했다. 은행잎을 이용해 모기 애벌레를 퇴치할 수 있다는 내용이 다. 출처가 서울 강남구청이라 구청 보도자료 게시판에 '모기'로 검색해보니 '강남구, 은행잎으로 모기 잡는다!', '강남구, 허브로 모기 쫓는다!', '강남구, 바람으로 모기 잡는다!', '강남구, 초음파로 모기 잡는다!' 등 관련 보도자료가 주르륵 떴다. 이렇게 모기에 관심 많은 지자체가 또 있을까 싶었다. 기사의 요지는 4톤짜리 정화조에 은행잎 2킬로그램을 그물망에 담아 넣으면 모기가 48시간 안에 죽는다는 것이다. 놀랍다. 실제로 그런지 작은 규모로 확인해보기로 했다.

은행나무에만 해충의 피해가 적다는 특성 덕분에 은행잎에서 추출한 화학물질을 천연 농약으로 만들려는 연구도 상당히 많다. 국내에서는 벼멸구와 쌀바구미를 없애는 데 은행잎의 화학물질이 효과가 있다는 연구결과도 나왔다. 하지만 효과가 없는 것으로 드러난 연구도 많아 뚜렷한 결론을 내기는 어렵다.

모기,
생각보다 장한 녀석들

동물의 피를 충분히 빨아 산란준비를 마친 암컷 모기는 고인 물에 알을 낳는다. 그러니 모기 애벌레를 찾으려면 모기가 알을 낳았을 법한 고인 물을 찾아야 한다. 막상 그런 곳을 찾으려니 역시나 난감했다. 부패가 빠른 여름 한철 정화조를 살피다가는 가스로 인한 질식사고의 위험이 있다. 게다가 위의 보도자료에 따르면 모기 애벌레가 있는 정화조는 약 7퍼센트라고 했다. 정화조 10개를 뒤지면 1개꼴로 모기 애벌레를 찾을 수 있는 셈이다.

그래서 정화조는 제쳐 두고 고인 물을 찾으러 도심 속 공원을 찾았다. 무더운 여름, 더위를 피하러 난지천공원에 나와 텐트를 치고 돗자리를 깔고 누운 시민들을 뒤로 하고 배수로에 비가 고인 부분을 찾아 플라스틱 컵으로 훑었다.

모기 애벌레 세 마리를 구해 회사로 돌아와 접사로 찍어 살펴봤다. 몸이 다른 곤충처럼 머리, 가슴, 배로 나뉜다. 몸에는 털이 있는데, 특히 가슴에 길고 무성하게 난 털은 물속에서 몸의 균형을 잡는 데 쓴다고 한다. 마디진 배의 끝에는 숨대롱이 있어서 이것을 수면에 찔러 넣고 거꾸로 떠서 숨을 쉬었다. 그러다 춤추듯 몸을 흔들며 바닥으로 내려와 머리로 무엇인가를 부단히 훑었다. '인류 최대의 적'이라는 무시무시한 부제가 붙은 책『모기』를 참고하면 수면에 떠서 먹이를 먹는 종류와 바닥에서 먹는 종류가 있다고 한다. 녀석들은 후자인 것 같았다.

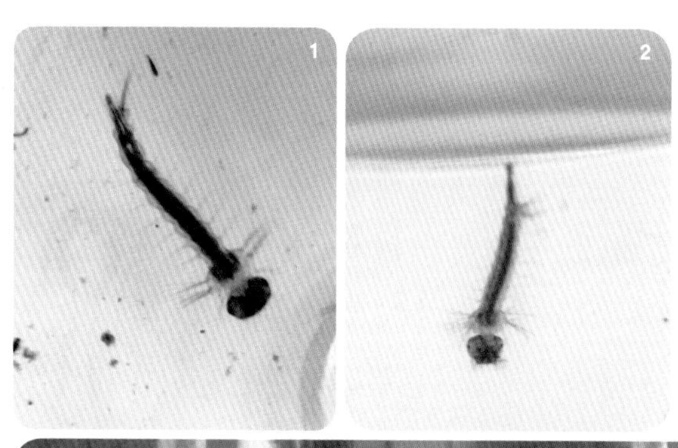

1 모기도 다른 곤충처럼 몸이 머리, 가슴, 배로 나뉜다. 가슴에 특히 길고 무성하게 난 털은 물속에서 몸의 균형을 잡는 데 쓰인다.
2 모기 애벌레. 마디진 배의 끝에는 숨대롱이 있어서 이것을 수면에 찔러 넣고 거꾸로 떠서 숨을 쉰다.
3 종종 춤추듯 몸을 흔들며 바닥으로 내려와 열심히 먹이를 먹었다.

먹이만 먹고 다시 수면에 올라와 숨을 쉬는 녀석들에게 대기호흡을 하는 포유류인 나도 왠지 동질감을 느꼈다. 『모기』는 무시무시한 부제와는 달리 모기의 경이로움과 감동적인 순간도 담고 있다. 모기 애벌레는 태어난 지 몇 분 안에 호흡기관을 채운 물을 뿜어내고 공기로 숨을 쉬어야 한다. 실제로 보면 태어나서 첫 숨을 쉬는 새끼고래를 목격한 만큼 감동적일 것이다. 고래와 달리 이들은 도와줄 어미가 없으니 지켜보다 보면 좀 쓸쓸해질 것 같기도 하고. 그런 순간을 겪고 나에게 온 녀석들이라 생각하니 장하게 여겨졌다.

은행잎의 효과는?

눈에 보이지도 않는 물속 미생물을 열심히 먹어대는 녀석들이 사흘 만에 제법 커졌다. 더 이상 미루면 안 되겠다 싶어서 회사 주차장 인근의 은행나무에서 잎을 땄다. 작은 플라스틱 병에 애벌레를 나눠 담고 배수로에서 떠온 물을 채웠다. 하나는 그대로 두고 다른 두 병에는 각각 은행잎과 믹서로 간 은행잎을 소량 넣었다. 수 시간이 흘렀지만 셋의 차이를 알아보기는 힘들다. 다음날 살펴보니 은행잎을 갈아 넣은 병에

든 애벌레가 이상 징후를 보였다. 움직임이 현저하게 줄고 머리에는 정체를 알 수 없는 길고 가는 찌꺼기가 엉겨 붙어 있다. 그러더니 결국 죽었다.

시간을 헤아려 보니 38시간만의 일이다. 이 정도면 은행잎이 효과가 있다고 봐도 될까? 하지만 은행잎을 통째로 넣은 병에 든 녀석은 멀쩡하다. 주말을 지내고 회사에 와보니 은행잎을 넣지 않은 병에 든 녀석이 죽어 있어 더욱 혼란스러웠다. 왜 죽었을까.

'인류 최대의 적'이라는 이미지와는 다르게 모기 애벌레는 꽤 연약한 녀석들인 듯하다. 이들은 기생충, 미생물 등 수많은 천적에게 시달림을 당하며, 수온이 높거나 낮아도 죽는다. 먹이인 미생물이 부족해도 죽는다. 죽음에 이르는 길은 수도 없이 많다.

최후의 생존자인 은행잎을 통째 넣은 병의 녀석은 일주일째 멀쩡하다. 은행잎이 어느 정도 효과가 있을지도 모르지만 믿을 만한 살충제는 아닌 듯하다.

1 모기 애벌레를 나눠 넣은 3개의 병에, 하나는 그대로 두고 다른 두 병에는 각각 은행잎과 믹서로 간 은행잎을 소량 넣었다.
2 최후의 생존자인 은행잎을 통째 넣은 병의 모기는 멀쩡하다.

앵무새에게도
자의식이 있을까?

앵무새는 예전부터 우리에게 그리 낯설지 않은 동물이다. '최근에야 국내에 들어온 애완조류 아닌가?'라고 의심하는 독자도 있으리라 여겨진다. 하지만 여러 기록을 보면 우리 선조들은 아주 오래전부터 앵무새를 키워왔음이 분명하다. 가깝게는 조선 후기 실학이 번창하던 시절에 앵무새나 비둘기를 애호하는 사람이 있었다고 한다. 더욱 과거로 거슬러 올라가면『삼국유사』에 신라 시대의 앵무새 기록이 나온다.

"흥덕왕이 즉위한 후, 당나라에 사신으로 다녀온 이가 앵무새 한 쌍을 가지고 돌아왔다. 오래지 않아 암컷이 죽자 홀로 남은 수컷이 슬퍼 울기를 그치지 않았다. 왕이 수컷 앞에 거울을 걸게 하니, 새가 거울 속에 비친 그림자를 보고 그가 짝을 얻었다고 여겼다. 그리하여 그 거울을 쪼았으나, 마침내 그림자라는 것을 알고서 슬피 울다가 죽고 말았다. 이에 노래를 지었으나 현재에 전하지 않는다."

거울 실험과 자의식

『삼국유사』의 앵무새 이야기는 흥미롭다. 당시 사람들이 '앵무새가 거

• 거울을 보고 있는 비비. 영장류, 원숭이의 일부, 돌고래 등 지능이 높고 사회성이 강하다고 알려진 동물들이 거울 실험을 통과했다.
(사진 출처: Moshe Blank, 위키피디아 커먼스)

울 속 자신을 알아본다.'고 생각했다는 기록이라서 그렇다. 더욱 흥미롭게도, 현대의 인지과학자들은 말을 못하는 동물들이 자의식을 가졌는지 알아보려고 거울을 이용한 실험을 한다. 거울을 본 동물은 대개 거울 속 자신의 모습을 자기와 다른 동물로 인식해 경계하거나 거울 뒤를 살피는 등의 행동을 보인다. 사람도 어릴 때는 비슷한 반응을 보이기도 한단다.

그런데 이마나 가슴 등 눈으로 보이지 않는 곳에 스티커나 페인트로 표식하고 거울을 보여줬을 때 이 표식을 제거하려는 행동을 보이는 동물도 있다. 거울 속 모습이 자신의 모습임을 알아차렸다는 증거다. 코끼리, 영장류, 원숭이의 일부, 돌고래 등 지능이 높고 사회성이 강하다고 알려진 동물들이 이런 거울 실험을 통과했다고 한다.

앵무새는 어떨까? 신라 시대 사람의 통찰이 단순한 감정이입이었는지, 고도의 관찰을 통한 수준 높은 통찰이었는지 궁금하다. 앵무새는 야생 상태에서는 높은 사회성을 보인다고 한다. 지능이 높다고 알려졌기도 하다. '알렉스'라는 앵무새는 추상적인 단어의 의미를 이해하는 행동을 보여 유명해졌다. 앵무새가 거울 속 모습을 자기 모습이라 고 인지할 가능성은 충분해 보인다.

앵무새 좀 소개시켜줘

앵무새만 있다면 실험준비는 간단하다. 이번처럼 준비물이 간단한 실험은 손에 꼽을 것 같다. 세울 수 있는 싼 거울과 문구점에서 파는 색 스티커가 전부다. 문제는 앵무새 섭외. 어떻게 하면 다양한 앵무새에게 거울을 보여줄 수 있을까 고민이 깊어졌다. 여러 사람에게 노출되어 스트레스를 많이 받을 동물체험장의 앵무새를 택하자니 맘에 들지 않았다. 가정집에서 사랑받는 앵무새를 택하자니, 아는 사람도 없는데다 앵무새 종류가 다양하지 않을 확률이 높았다.

앵무새는 사람의 말을 흉내 내는 재주가 있으며, 색이 예쁘고, 어릴 때부터 길들이면 사람을 친근하게 대하기 때문에 애완조로 인기가 많다. 이런 인기가 화근이었을까. 애완조로 인기 있는 앵무새 대부분은 야생에서 멸종위기에 놓였다. 국제 멸종위기종 거래협정CITES에 따라 야생 앵무새 거래를 규제하고 있다. 그래서 국내에서 거래되는 앵무새는 국내에서 번식시키는 경우가 대부분이다. 앵무새농장이라면 어떨까 연락해봤지만, 농장에서 키우는 앵무새는 길들지 않은 번식조라 실험이 어려울 것 같단다. 대신 집에서 앵무새를 키우는 사람을 소개해주겠다고 했다.

거울 속 자신을 바라보며 앵무새는 무슨 생각을 했을까?

이유식을 먹여야 할 정도로 어린 앵무를 키우는 안나경 씨를 만났다. 그가 키우는 앵무새는 회색앵무 두 마리, 뉴 기니 한 마리, 선 코뉴어 한 마리다. 나머지는 어리고 그나마 태어난 지 8주가 넘었다는 선 코뉴어가 활발해 보였다.

선 코뉴어Sun Conure는 남미 북동부에 서식하는 앵무새다. 우리말로 하면 태양앵무새. 화려한 황금빛과 오렌지빛의 깃털이 강렬해 녹음이 우거진 야생에서 보면 정말 태양을 연상할 법하다. 무슨 색 스티커를 붙일지 고민하다가, 깃털 색과 확실히 구분될 파란색 스티커를 이 녀석의 이마에 붙였다.

거울을 보여 주니 정말 관심을 보이기는 했다. 다만 몇 번 보더니 자기 친구들을 모아 놓은 곳으로 가서 저희끼리 놀았다. 몇 번을 데려다가 거울 앞에 놓아도 비슷한 패턴을 반복할 뿐이었다. 그래서 채 깃이 자라지 않은 회색앵무 한 마리를 데려다 실험을 계속했다.

안나경 씨는 그 유명한 알렉스가 이 회색앵무Grey Parrot 종이었다고 일러줬다. 그렇구나. 가장 지능이 높고 50살까지나 산다는 그 녀석이다. "앵무새들은 반지나 목걸이처럼 반짝이는 걸 좋아해요." 그럴까 봐 반짝이는 하트모양 스티커도 준비해왔다. 하지만 깃털이 자라지도 않은 회색앵무는 거울에 반응을 보이다가도 선 코뉴어와의 교감에 더 정신이 팔렸다.

그 둘의 행동을 가만히 보고 있으니 앵무새 특유의 휜 부리로 서로 물고, 어루만지고, 부리를 맞추기에 바빴다. 낯선 사람에게 경계심을

1 파란색 스티커를 선 코뉴어의 이마에 붙였다. 거울을 보여 주니 관심을 보이기는 하지만 스티커에는 별 관심이 없어 보였다.
2 거울을 잠깐 보더니, 다시 친구들에게로 가버렸다. 거울 속 모습보다 친구들과의 교감이 더 중요한 듯했다.
3 거울의 모습보다 서로의 교감에 더 열중하는 두 녀석. 서로 가볍게 물거나 상대의 털을 골라 주었다.
4~5 회색앵무 역시 스티커에는 큰 관심이 없었다. 거울을 쪼는 행동을 자주 보였다. 낯선 이의 손을 물고 혀로 맛보기도 했다. 앵무새의 부리는 사회적 교류에 쓰이는 중요한 기관인 것 같았다.

가지지 않을까 싶었는데, 손이나 카메라 끈도 거리낌 없이 물고 혀로 맛봤다. 이들에 부리란 서로 교감하고 느끼는 중요한 신체기관인 것 같았다. 회색앵무는 거울 속 자신의 모습도 물어 보고 핥아 보고 싶어 했다. 그렇다면 이 앵무새는 거울 속 모습을 다른 앵무새라 생각한다는 걸까. 이 녀석은 판단할 시간을 주지도 않은 채, 눈을 끔뻑끔뻑하더니 졸기 시작했다. 너무 어린 녀석들이라 그런 걸까.

실험 실패에 안타까워하던 안나경 씨가 거울에 집착을 보이는 많이 자란 앵무새를 키우는 다른 가정집을 소개해주었다. 집에 들어오자마자 시끄럽게 반기는 소리가 났다. 소리의 주인공은 한스 마커우Hahn's Macaw 종인 밝음이. 그가 가장 좋아하는 자리는 주인인 유미경 씨의 머리다. 하지만 실험을 위해 새장 위에 옮기고 거울을 세웠다. 그리고 이마에 노란색 스티커를 붙였다.

밝음이는 거울을 들여다보더니 키 재기를 하려는 듯 머리를 길게 뻗었다. 흡사 거울 속 이미지와 노는 것 같았다. 앵무새는 사회적 동물로 주인이 충분히 놀아 주지 않으면 스트레스를 받는다. 스트레스를 받는 앵무새는 자해하는 경우가 많은데, 거울을 주면 그나마 덜 하다는 게다.

유미경 씨의 말을 들어 보니, 앵무새는 최소한 거울 속 앵무새와 실제 파트너를 구별하는 것 같았다. “예전에 키우던 왕관앵무도 거울을 보면 노래 부르고 좋아하긴 하지만 거울 속 모습을 파트너보다 좋아하지는 않더라고요.” 밝음이는 계속 거울을 고요히 바라보다가, 키 재기를 하거나 거울을 쪼거나 했다. 그의 마음속에선 도대체 무슨 일이 일어나고 있을까.

한스 마커우 종인 '밝음이'. 거울을 들여다보더니 키 재기를 하려는 듯 머리를 길게 위로 뻗었다.

결과적으로 실험해본 앵무새들은 한 마리도 거울 실험을 통과하지 못했다. 이마에 붙은 스티커에는 다들 그다지 관심이 없었다. 안타까워하던 유미경 씨가 위로했다. "우리 밝음이가 똑똑하지 못해서 어떡해요."

흥미로운 결과가 나오지 않은 게 안타깝기는 하다. 하지만 실험에 통과하고 못하고에 따라서 앵무새가 달리 평가되는 것도 이상하다. 거울 실험은 완벽하지 않다. 동물이 몸에 붙은 이물질을 적극적으로 제거할 마음이 없다면 무용지물이다. 또한, 실험에 통과한 동물 종도 개체에 따라 반응하는 정도가 다르기도 하다. 거울 실험에 통과하지 못했다고 해서 자의식이 없다고 단정 지을 수는 없다는 것이다.

앵무새 '밝음이'의 마음속에서는 도대체 무슨 일이 일어나고 있을까.

지능이나 자의식 같은 '능력'으로 동물을 상위로 올려놓거나 하위로 끌어내리는 것도 우스운 일이다. 자의식이 없더라도 각 가정에서 사랑받는 앵무새는 사람과 교감하며 살고 있다. 그거면 충분하다.

그래도 여전히 앵무새의 자의식이 궁금한 나는 어쩔 수 없는 호기심 많은 동물인가 보다. 혹시 독자 여러분 중 집에 키우는 앵무새가 있다면 비슷한 실험을 해보고 결과를 알려 주시길 부탁드린다.

때죽나무에 깃든
물고기의 비극

때죽나무의 이름은 어떻게 붙여진 것일까. 흔히 알려진 바로는, 예전에 물고기를 간편하게 잡고자 이 나무의 열매를 찧어 물에 풀면 물고기들이 떼로 죽어서 떼죽나무라 했다가 때죽나무로 변했다는 것이다. 책에도 널리 쓰이며, 생태교육자들이 아이들에게 때죽나무를 설명할 때도 이 이야기를 주로 한다.

이 외에 땅을 향해 달린 많은 녹백색 열매가 중이 떼로 모인 모습과 비슷하다 해서 떼중나무로 부르다가 때죽나무로 변했다는 설, 나무껍질과 씨껍질의 색이 때가 탄듯해 때죽나무라고 불렀다는 설이 있다. 사실 모두 뚜렷한 근거는 없지만, 물고기를 잡을 때 썼다는 이야기가 가장 흥미를 끈다.

이유미 박사의 『우리가 정말 알아야 할 우리나무 백가지』를 참고하면 때죽나무의 열매껍질에는 에고사포닌egosaponin이 함유되어 있는데, 독성이 매우 강해서 열매를 찧어 냇물에 풀면 물고기들이 기절해서 수면에 떠올랐다고 한다. 아울러 가축실험으로 밝혀진 바에 따르면 이 열매는 적혈구를 파괴하는 작용을 해서 먹으면 위험하다고 경고하고 있다.

정말로 '물고기 잡는' 때죽나무

때죽나무 열매로 물고기를 잡을 수 있는지, 독성 때문에 물고기는 기절하는 것인지 죽는 것인지, 물고기를 잡는 데 중요한 것이 열매껍질인지 씨껍질인지, 자료만으로는 알 수가 없었다. 게다가 실험을 위해 때죽나무를 찾아 나섰을 때 곤줄박이가 때죽나무 열매를 따서 물고 다니는 것을 보고 머릿속은 더 복잡해졌다.

아마도 먹으려고 열매를 따서 물고 간 것일 텐데, 가축들에게 해가 있다면 곤줄박이에게도 해로울 것 같다. 견과류를 좋아하는 곤줄박이

1 도토리를 닮은 녹백색 열매가 많이 달린 때죽나무 가지
2 실험에 쓸 때죽나무 열매를 지퍼팩에 담았다.
3 때죽나무 열매를 따는 곤줄박이. 독성이 있다는데 먹어도 괜찮을까?

가 열매를 까서 독이 없는 부분만 먹는 것일까? 아니면 때죽나무의 독성이 새에게는 별 해를 끼치지 못하는 걸까?

열매는 경기도 성남 청계산 신구대학식물원에서 때죽나무로는 보기 드물다는 고목에서 땄다. 때죽나무는 도시의 공해를 잘 견디고 오뉴월에 종을 닮은 하얀 꽃을 많이 피워서 조경수로 인기가 많다고 하니 주변에 있는지 찾아봐도 좋겠다.

실험에 쓸 물고기로 사무실 어항에서 1년 반 넘게 살고 있던 밀어를 골랐다. 밀어는 망둑어과에 속하며 전국의 하천 중 · 하류에 퍼져 사는 흔한 물고기다.

일단 녹백색 열매껍질이 효과가 있는지 알아보려 물을 넣은 바가지를 아래에 받치고 철망으로 된 뜰채에 열매껍질을 갈았다. 거품이 약간 생기며 풀냄새가 났다. 그렇게 만든 때죽나무 열매껍질 물을 밀어가 들어 있는 수조에 조금씩 넣으며 살펴보았다. 밀어가 있는 수조에는 물 1리터를 넣고 공기펌프로 공기를 주입했으며, 어느 정도 양에 반응하는지 살피려고 열매껍질 물을 10밀리리터씩 10분 간격으로 넣었다.

처음에는 밀어가 깜짝 놀라며 물 위로 뛰쳐나오려 했는데 두 번째부터는 잠잠했다. 하지만 호흡은 더 가빠졌다. 세 번째부터는 핀셋으로 직접 건드려도 반응이 없을 만큼 마비됐고 호흡 세 번에 머리를 한 번 까딱거리는 이상행동을 보였다. 또한 수조에 거품이 심하게 일어나기 시작했다.

네다섯 번째 시도에도 같은 반응을 보여, 여섯 번째는 열매껍질 물 주입을 멈추었다. 핀셋으로 건드려 보니 밀어는 배를 위로 하고 수면

1 물을 넣은 바가지를 밑에 받치고 때죽나무 열매껍질을 뜰채 철망에 갈아낸다.
2 밀어가 담긴 수조에 갈아낸 열매껍질 물을 스포이트로 10밀리미터씩 넣었다.
3 밀어는 곧 핀셋으로 건드려도 반응이 없을 만큼 둔해졌고, 수조에는 거품이 많이 꼈다.
4 1년 반 동안 사무실에서 함께 산 밀어. 예상치 못하게 실험 과정에서 죽음을 맞이했다. 너무 미안하다.

에 떠올랐다. 급하게 깨끗한 물로 옮겼지만 이미 죽었다. 실험을 시작

한지 한 시간 반이 지나서였다.

열매껍질이 아니라 씨껍질에 독성이?

혹시 열매껍질이 아니라 씨껍질에 강한 독성이 있는 것일까? 씨껍질을 찧어서 동일하게 실험했다. 때죽나무 열매에서 씨앗을 분리해 모은 후, 지퍼팩에 넣어 모종삽 손잡이로 찧었다. 이것을 그릇에 넣어 물을 부어 보니 뽀얗게 우러나고 수면에 기름이 약간 떴으며, 냄새는 나지 않았다.

수조에 다른 밀어를 넣고 씨앗 찧은 물을 넣었더니 처음에는 물 위로 뛰어오르다가 점차 반응이 느려지면서 머리를 까딱이고 호흡이 느려지는 이상행동을 보였다. 여기까지는 앞 실험과 비슷한 반응인데, 첫 실험 대상인 밀어에 비해서 비교적 활발해서 자극을 주면 빠르게 피했다. 40분이 경과하면서 더 이상의 실험이 의미가 없다고 생각되어 깨끗한 물에 담갔다가 어항으로 돌려놓았다. 이 밀어는 지금도 별 탈 없이 살고 있다.

때죽나무 열매로 계곡의 고기를 잡는 것은 현실성이 없다. 실험에서는 미량의 열매껍질 물을 넣었지만, 계곡에서 고기를 잡으려면 엄청나게 많은 때죽나무 열매를 써야만 할 것이다. 실험에서 밀어의 반응을 보면 열매껍질에 독성이 있다는 것을 어느 정도 수긍할 수는 있지만, 한 시간 반이나 경과해 죽은 것을 생각하면 단순히 수질악화로 인

해 죽었을 가능성도 있다.

혹시라도 때죽나무 열매를 써서 물고기를 잡아볼 생각을 한 독자가 있다면 더 쉬운 방법을 선택할 것을 권한다. 때죽나무 열매를 찧어 넣어 뿌옇게 된 물을 보며 한 시간을 넘게 기다려 죽은 고기를 잡는 것보다 낚시를 하거나 족대를 쓰는 것이 더 빠를 것이다.

끝으로 편집실 어항에서 1년 반 넘게 지냈던, 나보다 더 고참이었던 밀어에게 미안하다. 독성에 잠시 기절했다가 깨어날 것이라고 예상했던 결과가 빗나갔다. 명복을 빈다.

1 열매껍질을 분리한 때죽나무 씨앗
2 모종삽 자루로 수차례 찧었다.
3 찧은 때죽나무 열매에 물을 부었더니 뽀얗게 우러났다. 한 번에 밀어가 든 수조에 부었다.
4 밀어가 약간 이상행동을 보이기는 했지만 시간이 지나도 활동성이 크게 줄지 않았다.

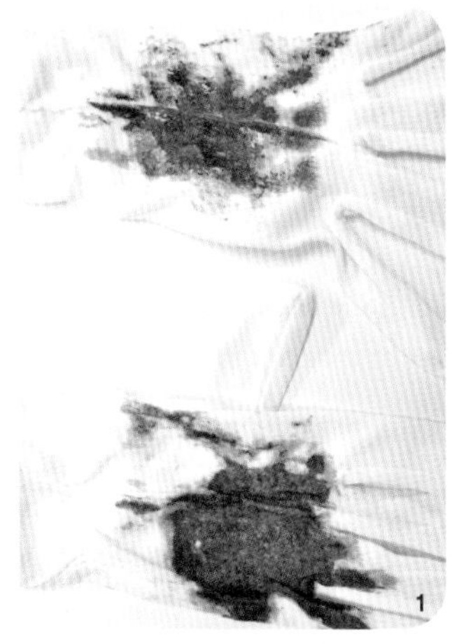

1 면장갑 한 켤레에 짜장면 국물을 묻혔다.
2 면장갑을 각각 맹물과 때죽나무 열매껍질 물에 넣어서 약 1분간 빨았다.

세제대용으로는 쓸 만할까?

옛사람들이 세제 대용으로 때죽나무 열매를 썼다는 얘기도 있었는데, 실험 중 때죽나무 열매껍질 물에서 거품이 많이 일어나는 것을 보니 그럴 수 있겠다 싶었다. 리트머스 시험지로 산성도를 측정해보니 pH7정도로 중성에 가까웠다.

세제 대용으로 쓸 만한지 알아보려 동일한 면장갑에 짜장면 국물을 묻혀 하나는 수돗물에, 하나는 열매껍질 물에 빨았는데 결과적으로 큰 차이는 없었다. 하지만 수돗물에 빤 쪽은 기름기가 남아서 미끈거리고 열매껍질 물에 빤 쪽은 기름기가 가셔서 미끈거리지 않았다. 아무래도 세제만은 못하지만 캠핑에서 설거지를 할 때 이용해보면 재미있을 것 같다.

왼쪽이 맹물, 오른쪽이 때죽나무 열매껍질 물에 빤 면장갑이다. 큰 차이는 보이지 않지만 때죽나무 열매껍질 물로 씻은 것은 기름기가 없어지는 효과는 있었다.

운 좋은 개구리는 바다도 건넌다?

고정관념은 유용하다. 한정된 우리의 주의력을 아껴 쓰게 해주기 때문이다. 고정관념을 모두 잊고 생활 속 모든 것을 처음 보듯이 대한다면 일상생활을 제대로 소화하기 버거울 것이다. 하지만 때로는 고정관념이 새로운 사실을 발견하는 데 방해가 되기도 한다. 지인에게 "황소개구리가 바다를 건넌다."는 말을 처음 들었을 때 웃어 넘겼다. 양서류인 개구리가 바다를 건너지 못한다는 것은 상식이었기 때문이다.

섬으로 간 황소개구리

놀랍게도 황소개구리가 바다를 건넜다는 것은 다큐멘터리 방송 프로그램인 〈환경스페셜〉에서 지난 2006년에 방영한 내용이었다. 한때 황소개구리는 우리 생태계에 피해를 주는 외래동물의 대명사였다.

방송 당시에 내륙에서는 이미 줄어드는 감이 있었지만, 신안군의 섬에 유입된 황소개구리가 극성이었다고 한다. 압해도, 자은도, 암태도, 팔금도, 안좌도, 장산도, 도초도, 신의도, 향도 등지까지 널리 퍼졌다니 놀랍다. 다들 논이 많아 황소개구리가 살기에 좋은 환경이긴 하지만, 그래도 바다로 둘러싸인 '섬'인데 말이다.

혹시 황소개구리를 도입한 책임을 면하고 싶은 섬 주민의 계면쩍은 변명은 아닐까? 정말 바다를 건넜다면, 어떻게 건너간 걸까? 물론 황소개구리가 퍼져 나간 섬 중에는 압해도처럼 목포와 다리로 연결될 정도로 내륙과 가까운 섬도 있다. 방송에서는 큰 비가 와서 홍수가 났을 때 황소개구리가 건너왔다는 압해도 주민의 증언을 전했다. 하지만 자은도나 암태도처럼 육지에서 꽤 떨어진 섬들도 있다. 방송은 누군가가 황소개구리를 들여왔을 가능성에 무게를 둔 듯하지만, 뚜렷한 결론을 내지는 않았다.

개구리는 어렸을 때 올챙이로 물속에서 살다가 때가 되면 다리를 만들고 꼬리를 줄여 물 밖으로 나오는 동물이다. 올챙이에서 개구리로

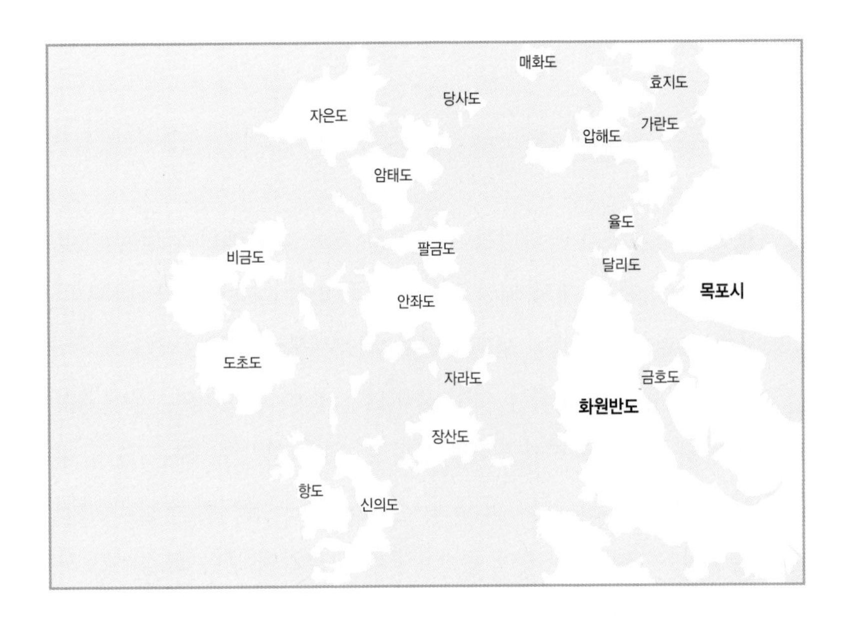

변하며 공기 중에서 호흡할 수 있는 폐를 만들기는 하지만, 완전하지는 않다. 그래서 피부로도 숨을 쉬는데, 이를 위해서는 피부가 항상 축축해야 한다. 커서 물을 떠났지만 아주 멀리 떠나기는 힘든 셈이다.

이렇듯 외부의 경계인 피부가 물과 친하니, 염분이 많이 포함된 바닷물에 오래 들어가면 삼투압* 현상이 일어나 죽음에 이를 확률이 높다. 따라서 사람이 이들을 섬으로 옮겼을 확률이 높아 보인다.

*** 삼투압(滲透壓)이란?**

농도가 다른 두 액체 사이에, 용액이나 기체의 혼합물에서 어떤 성분은 통과할 수 있지만 다른 성분은 지날 수 없는 반투막을 두었을 때, 용매가 농도 짙은 용질 쪽으로 옮겨 가면서 생기는 압력을 뜻한다.
물과 소금물(바닷물)을 예로 들어 보자. 상대적으로 입자가 작은 물 분자는 반투막을 쉽게 통과하지만, 입자가 큰 소금물은 반투막을 지나지 못한다. 이러한 삼투 현상으로 물 분자가 소금물 쪽으로 이동하면서 압력이 가해져, 동일한 온도에서 소금물의 압력이 높아진다.

개구리의 섬 진출 작전, 성공 확률은?

하지만 황소개구리가 정말 바다를 건넜을 확률도 없지는 않다. 섬에는 꾸준히 생물들이 유입된다. 화산폭발로 생겨나 아무것도 없는 섬이라도 처음에는 꽁무니에서 실을 뽑아 날아다니는 어린 거미류처럼 비행 능력이 있는 작은 동물들이 정착한다. 그러다 새들이 들어오거나 바다에서 밀려온 씨에서 식물이 자라면서 점차 안정적인 육상 생태계가 형성된다. 여기에 큰 육상동물이 우연히 들어와 자리 잡게 된다.

갈라파고스에서 이러한 예들을 쉽게 찾아볼 수 있다. 다만 갈라파고스처럼 뭍에서 멀리 떨어진 섬에 사람이 도입하지 않은 양서류가 살았다는 증거는 아직 발견되지 않았다. 서해의 섬 중 개구리가 사는 섬이 있으나, 서해는 한때 육지였다.

황소개구리가 '우연히' 바다를 건넜다고 가정한다면, 국내에서 확률이 가장 높은 곳은 바로 신안군 일대의 섬일 것이다. 신안군과 그리 멀지 않은 전남 영암의 금호저수지는 1976년 국내 최초로 황소개구리 2만여 마리를 방사한 한국 황소개구리의 고향인 까닭이다.

게다가 신안군 일대 바다는 여름 장마철마다 염도가 낮아진다. 그래서 홍수가 날 때 바다로 밀려드는 민물 때문에 해산 어패류를 키우는 양식장이 피해를 입는 경우도 종종 있다고 한다. 또한, 홍수가 나면 유속이 빨라지므로 물에 휩쓸린 황소개구리가 빠르게 바다를 건너 섬에 닿았을 수도 있다. 염분이 낮아진 물에서 빠르게 물살을 타고 섬으로 갔다면 가능성이 없지는 않겠다.

그 일말의 가능성을 엿보기 위해 실험을 해보자. '아시아의 물개' 조오련이 울릉도에서 독도로 헤엄쳐 갔을 때 쓴 것처럼, 배에 단 그물에 황소개구리 넣어서 바다에 띄우고 목포 앞바다에서 신안군의 섬으로 배를 달리면 간단히 해소될 궁금증이지만, 주머니 사정이 허락하지 않는다. 큰 비가 오는 시기에 맞춰 배를 띄우는 것도 쉽지 않을 테고.

진화론을 주장했던 찰스 다윈은 어떻게 식물이 바다를 건너서 섬에 들어가는지 궁금해 식물의 씨를 소금물에 담갔다가 꺼내 싹을 틔워 보는 간단한 실험을 했다고 한다. 형편에 맞는 다양한 실험과 관찰로 끝없는 호기심을 푼 그를 본받아, 황소개구리를 구해다 소금물에 담가 염도가 높은 물에 어느 정도를 견딜 수 있는지부터 알아보기로 했다.

황소개구리는 바다를 '건널 수도' 있다!

지도를 살펴보니, 직선거리로 내륙과 가장 가까운 구간은 해남 화원반도와 장산도 구간으로 거리는 5~6킬로미터다. 목포와 다리로 연결된 압해도는 거리가 너무 가까워 제외했다. 그리고 압해도와 제일 가까운 섬인 암태도와의 거리 역시 6킬로미터 정도다. 만약 실제 바닷물보다 염도가 약간 낮은 물에서 5~6킬로미터를 이동할 수 있다면 개구리가 바다를 건넜다는 게 아주 허황된 이야기는 아닐 것이다.

비가 많이 올 때 이 일대의 물이 흐르는 속도는 어떨까? 이에 대한 자세한 자료는 찾지 못했지만, 영산강을 목포 앞바다와 갈라놓는 하구둑의 개방에 따른 염분 변화를 다룬 한 논문에서는 하구둑 개방 시 초당 1.5미터의 속도로 표층의 물이 흐른다고 한다. 꽤 빠른 속도다. 하지만 워낙에 수로가 복잡하고 인근의 조류를 감안하면 이보다 더 빠를지 더 느릴지는 알기 어려워, 편의상 초당 평균 속도 1.5미터로 가정했다.

바다의 염분도는 대개 30~35퍼밀이다. 퍼밀은 1천으로 나눈 것이므로, 물 1킬로그램에 염분 30~35그램이 녹아 있는 상태로 볼 수 있다. 서해는 흘러드는 강이 많아서 대체로 염도가 약간 낮은 편이며, 민물이 섞이는 기수역의 경우는 염도가 5퍼밀 아래로 내려가기도 한다. 그래서 시중에서 파는 먹는 샘물로 33퍼밀과 5퍼밀 소금물을 만들었다.

1 생수와 소금, 실험할 통
2 물 1킬로그램에 소금 33그램을 녹였다. 바닷물과 유사한 33퍼밀 소금물이다.
3 황소개구리를 잡아서 판매하는 업체에서 개구리를 주문했다.
4 큰 녀석과 작은 녀석을 골고루 주문했는데, 막상 대하니 겁나서 큰 녀석은 잡을 엄두가 나지 않았다.

황소개구리를 잡아서 파는 한 업체에 주문한 개구리가 사무실에 도착했다. 소금물에 견디는 정도를 비교하려고, 큰 녀석과 작은 녀석을 골고루 주문했는데, 막상 대하니 너무 무서워서 큰 녀석을 잡을 엄두가 나지 않았다. 33퍼밀 소금물에 넣은 황소개구리는 10분간 활발하게 움직였다. 물속으로 들어갔다 나왔다를 반복했다. 탈출을 꾀하는 건지 좋아서 그러는 건지 모르겠다. 다만 허물처럼 얇은 껍질이 물속에 떠돌아 다녔다. 점막이 손상된 게 아닐까 싶었다.

이어서 5퍼밀 소금물에 작은 녀석을 넣었다. 이 녀석도 정도는 덜하지만 허물 같은 껍질이 벗겨져 물에 떠다녔다. 활발한 것은 마찬가지였다. 30분이 지나자 33퍼밀 소금물에 넣은 황소개구리의 움직임이 눈에 띄게 둔해졌다. 녀석은 하체가 물에 떠 있고, 5퍼밀 소금물에 넣은 녀석은 하체가 바닥으로 가라앉아 있어, 두 소금물의 염도 차이를 짐작할 수 있었다.

1 소금물에 개구리를 넣었다.
2 5퍼밀 소금물에 넣은 황소개구리

1 5퍼밀 소금물(왼쪽)에서는 황소개구리의 뒷부분이 가라앉아 있고, 33퍼밀 소금물에서는 떠 있다. 두 소금물의 염도 차이를 짐작할 수 있다.

2 점막이 손상되었는지, 허물 같은 조각이 소금물에 돌아다녔다.

56분 이상은 버터야 초당 1.5미터로 흘러갔을 때 5킬로미터 거리에 도달할 수 있다는 계산이 나온다. 그래서 한 시간을 기다렸다가, 소금물을 버린 후 황소개구리 몸에 묻은 소금물을 잘 씻겨 주고 맑은 민물에 넣었다. 5퍼밀 소금물에 넣은 황소개구리는 별반 차이를 알 수 없었고, 33퍼밀 소금물에 넣은 황소개구리도 움직임이 줄긴 했지만, 외관상 큰 차이를 발견하지는 못했다.

다소 놀라운 결과였다. 개인적으로 33퍼밀 소금물에 넣은 녀석은 10분에서 20분을 견디지 못하고 튀어나올 줄 알았다. 물론 점막이 벗겨지고 행동이 둔해지는 등 소금물이 개구리에게 좋지 않은 영향을 준 것은 명백했다.

이런 결과로 추측해볼 때, 평균 유속이 1.5미터고 민물이 많이 유입된 바다라면 황소개구리는 5킬로미터의 바다를 충분히 건널 수 있을 것으로 보인다. 물론 바다의 흐름은 훨씬 더 예측이 어렵다. 실험의 가정처럼 최단거리로 이동할 가능성도 크지 않다. 하지만 큰 비가 내려 바다에 빠른 속도로 유입될 때, 바다의 물때가 물이 빠져나가는 시간대와 겹치고, 파도에 이러 저리 휘둘려서 섬에 닿지 못하는 일이 생기지 않으며, 뿌리 뽑혀 떠내려가는 나무나 스티로폼 같은 부유물을 타서 바닷물 노출을 약간이라도 더 줄일 수 있는, 운 좋은 황소개구리라면 가능할지도 모른다.

그래서 결론은 이렇다. 황소개구리는 바다를 '건널 수도' 있다. 너무 멀지 않은 곳에 살기 좋은 섬이 있고, 운이 아주 좋다면.

밤에 휘파람 불면
뱀 나온대

밤에 대한 여러 가지 속설과 속담이 있지만 가장 흔히 들어온 것을 들자면 '밤에 휘파람 불면 뱀 나온다'는 말일 것이다. 비슷한 이야기로 '숲에서 휘파람 불면 뱀 나온다', '밤에 피리 불면 뱀 나온다'가 있다. 정말 그럴까?

과학적 근거를 들자면 그렇지 않을 것이다. 뱀은 소리에 민감하지 않으며, 먹이를 잡거나 도망치는 등 활동할 때는 소리감각에 거의 의존하지 않는다고 알려지기 때문이다. 하지만 뱀은 땅을 통해 전해지는 진동은 느낀다고 하니, 소리도 어느 정도는 느낄 수 있지 않을까? 소리는 진동에서 발생하는 파장이니 말이다.

휘파람이나 피리 소리가 어떤 진동을 만들어 내고 뱀이 그것을 느낄지도 모른다. 그렇다면 소리가 더 잘 전달되는 밤에는 더 잘 느낄 수도 있다. 실제 뱀이 휘파람이나 피리 소리에 반응하는지 실험해봐야겠다.

다소 어설픈 선행실험들

무엇인가를 탐구하기 전에 이미 해결된 문제를 중복연구하지 않고 더 발전된 실험을 하려면 선행연구를 살펴보는 것이 필수다. 몇 가지의 실험을 찾을 수 있었지만 속 시원하게 휘파람 및 피리 소리에 뱀이 보이는 반응을 알려 주는 문헌은 찾을 수 없었다. 뱀의 생리구조로는 소리를 잘 들을 수 없다는 설명 정도가 전부였다.

인터넷 언론매체인 〈딴지일보〉의 「사회적 금기에 대한 과학적 분석」이라는 기사에 따르면 아파트, 양옥주택, 전원주택에서 밤에 휘파람을 불어서 실험한 결과 뱀은 나오지 않았다고 한다. 다만 주로 패러디 형식의 기사가 실렸던 딴지일보의 매체 특성상 실제로 실험을 했는지는 다소 의심스럽다. 게다가 뱀이 겨울잠에 들어가는 겨울에 실험을 진행했다는 결정적인 오류도 범하고 있다. 나도 종종 기상알람소리를 못 듣고 그냥 자곤 하는데, 겨울잠에 들어 신진대사율이 낮아진 뱀이 그 소리를 들었을 리 없다.

케이블 채널 프로그램인 〈약간 위험한 방송〉에서는 비슷한 속설인 '숲에서 휘파람 불면 뱀 나온다'를 실험했다. 결과는 역시 뱀이 나오지 않았다. 하지만 실험 지역에 뱀이 정말 있는지를 확인하지 않았으므로 뚜렷한 결론을 내기 힘들다.

겉만 멀쩡하고 생태계는 부실해 뱀이 살지 못하는 숲일 수도 있고, 땅꾼이 뱀그물을 쳐서 뱀을 싹 쓸어간 후의 숲일 수도 있다. 휘파람 불어서 뱀이 나오면 놀라기보다 그곳이 생태적으로 우수한 곳이라는 반가움부터 들 것 같다.

위 방송과 SBS의 〈TV 동물농장〉에서 방영한 '추석특집, 동물속담 열전'에서는 피리를 불어서 뱀의 반응을 보는 실험을 했다. 두 실험에서 뱀은 모두 별 반응이 없었다고 한다. 하지만 두 실험의 공통된 허점을 발견했다.

그들이 연주한 피리란 다름 아닌 우리에게 익숙한 서양악기 리코더였다. 피리로 뱀을 꾈 수 있다는 생각은 조선시대 민담집에서도 발견된다. 리코더를 몰랐을 조선시대까지 거슬러가는 속설이라는 점에서 피리는 국악기 피리일 가능성이 높다. 국악기 피리와 리코더는 누가 들어도 분명히 음색이 다를 뿐더러 피리의 소리가 훨씬 크게 느껴진다. 「국악기 피리의 소리합성을 위한 음색분석」과 같은 논문에서도 서양 목관악기와는 음색이 다르다고 지적하고 있다.

서울대공원에서 한 실험은 제대로 될까?

이제 뱀이 많은 곳을 찾아 실험을 하면 된다. 최근 서울 양천구 신월동 주택가에서 뱀들이 출몰하는 사건이 있었기에 그곳에서 실험할 것을 권하는 사람들도 있었다. 언론 보도에 따르면 건강원에서 탈출한 뱀들이 주택가에 나타나 많이 잡아들였지만 아직 다 잡지 못했다고 한다.

하지만 그곳에 뱀이 있으리라고 확신할 수 없다. 더구나 건강원에서 보유한 뱀을 실험에 쓰는 것도 떳떳하지 못하다. 우리나라 뱀은 멸종위기종이거나 식용 · 포획하는 것이 금지된 동물 종으로 지정되어 있어서 그들의 뱀 보유 자체가 불법이기 때문이다. 그래서 뱀 20여 종을 사육하는 서울대공원의 협조를 구했다.

좁은 통로를 따라 서울대공원 동양관의 한편에 세계 각국의 뱀들이 사육 · 전시되고 있는 우리로 가는 길에 뱀의 먹이로 쓸 흰쥐를 담은 우리가 보였다. 이곳의 뱀과 야생의 뱀은 약간 사정이 다르다. 이곳 뱀들은 일 년 내내 일정한 온도에서 충분한 먹이를 먹는다. 항상 비슷한 신진대사율을 보일 테니 일정한 결과를 도출하기 위한 실험을 하는 데는 오히려 다행이다. 먹이도 낮에 준다니 꼭 밤에 실험할 이유는 없는 셈이다.

이곳에서 뱀들을 돌보는 임정균 사육사는 뱀은 소리를 듣지 못하는 편이라서 반응을 보이지 않을 거라고 말했다. 그가 뱀들에게 오카리나 연주를 들려준 적이 있는데 별 반응이 없었다며. 그래도 미리 MP3 파일로 가져간 국악기 피리 소리에는 혹시 반응을 보이지 않을까 기대하며 실험해보자고 요청했다. 그는 뱀 우리로 들어가는 철문을 열며 철문 여는 소리를 먹이 준다는 신호로 알고 뱀이 다가올 수도 있으니 놀라지 말라고 당부했다.

처음 만난 뱀은 버마왕뱀이라고 불리는 노랗고 하얀 무늬가 예쁜, 다 자라면 길이가 7미터에 달하는 대형 뱀이었다. 아름다운 뱀이긴 하지만 역시 뱀은 뱀이라 가까이서 그 눈을 들여다보며 휘파람을 불고 있자니 땀이 절로 났다. 임정균 사육사가 더 가까이 가도 해치지 않는다고 말했지만, 똬리를 튼 뱀이 휘파람 소리에 갑자기 반응을 보이지 않을까 두려웠다. 통유리창 너머의 관람객들이 사진을 찍는 통에 약간 민망하기도 했다.

이 와중에도 버마왕뱀은 몸통이 약간 늘었다 줄었다 하며 숨을 쉬는 것으로 자기가 살아 있음을 증명할 뿐 미동조차 없었다. 스마트폰으로 재생한 피리 소리에도 반응이 없었다.

전혀 다른 생태계에서 진화해온 버마왕뱀과 우리나라의 뱀들은 다를지도 모른다. 이번에는 플라스틱 통에 든 유혈목이를 상대로 실험해

피리 소리와 휘파람 소리를 들려줘도 버마왕뱀은 미동조차 없었다.

보기로 했다. 사람이 접근해서인지 통 안의 유혈목이는 활발하게 움직였다. 그리 깊지 않은 통이라서 열면 충분히 빠져나올 것 같았지만, 두려움을 억누르며 실험을 위해 뚜껑을 열고 피리 소리를 들려줬다.

그런데 웬걸, 피리 소리를 들려주니 그렇게 움직이던 뱀이 가만히 멈춰서 이따금 혀만 날름거릴 뿐이었다. 휘파람을 불어도 마찬가지였다. 유혈목이만 특이한가 싶어서 구렁이를 대상으로 실험을 했지만 결과는 똑같았다. 피리 소리에도 휘파람 소리에도 구렁이들은 별다른 반응을 보이지 않았다.

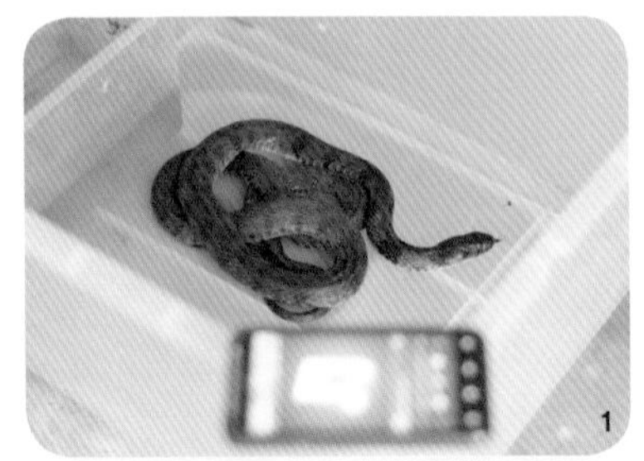

1 활발하게 움직이던 유혈목이도 피리 소리를 들려주니 가만히 멈춰 서고는 이따금 혀만 날름거릴 뿐이었다.
2 피리 소리에도 휘파람 소리에도 구렁이들은 별다른 반응을 하지 않았다.

속설의 기원은 예의범절을 위한 것?

실험을 해보니 밤에 피리를 불건 휘파람을 불건 뱀이 나오지 않을 것임은 확실해졌다. 그렇다면 어른들은 왜 밤에 휘파람이나 피리를 불면 밤에 휘파람 불면 뱀 나온다고 그랬을까?

'배에서 휘파람을 불면 바람을 불러 온다'는 속설에서 알 수 있듯이 휘파람은 터부시되어 왔다. 뱀에는 집을 지키는 '업'과 같은 긍정적인 이미지도 있지만 대체로 부정적인 이미지가 많다. 비슷한 속설이 있는 일본의 경우 인신매매범들이 휘파람을 신호로 썼고, 우리나라는 외간 남자가 남의 집 여자를 불러내는 신호로 썼기에 이를 금기시했다는 설명도 있다. 또한 서남아시아 지역의 피리를 불며 코브라를 부리는 풍물이 일반에 널리 소개되며 생겼다는 설도 있지만, 피리 소리에 뱀이 꼬인다는 속설은 연원이 더 오래된 것이다.

이런 저런 설명들이 있지만, 가장 보편적인 설명은 어린이들이 밤에 휘파람을 불거나 피리를 불어서 이웃에 폐를 끼치는 것을 막고자 뱀 핑계를 댔다는 것이다. 이웃 간에 지켜야 할 예의를 구구절절 설명하기보다 뱀 나온다며 겁주는 것이 아이를 가르치는 손쉬운 방법이며, 이를 선조들의 슬기로운 지혜라고 여기는 의견도 있다. 하지만 다소 번거로워도 왜 이웃에 대한 예의를 지켜야 하는지를 제대로 설명하는 것과 뱀 나온다고 둘러대는 것 중 어떤 것이 제대로 된 교육일지는 좀 더 생각해봐야 하지 않을까.

꿀벌은 수학자?

학창시절에 배운 수학 교과서의 각 단원 마지막에는 학생들의 흥미를 끌고자 재밌는 수학 관련 이야기가 실려 있었다. 그중에서 꿀벌은 최소한의 재료로 최대한의 공간을 만들고자 내각이 정확하게 120도를 이루는 육각형 구조로 방을 만든다는 이야기가 기억난다.

일개 곤충에도 미치지 못하는 나의 수학 실력에 자괴감을 느끼게 한 내용이었다. 그들은 정말 수학을 이해하는 것일까? 그렇다면 신비로운 일이겠지만 과학자들은 이 환상을 그대로 놔두지 않았다.

꿀벌이라는 한 종을 폭 넓게 다룬 책『경이로운 꿀벌의 세계』에 따르면, 벌집의 육각형 구조는 밀랍의 물리적 특성 때문에 생기는 것이다. 벌집의 재료인 밀랍은 고체로 보이지만 액체의 물리적 특성도 띤다.

꿀벌은 처음부터 육각형 방을 만드는 게 아니라 원래는 둥근 모양으로 만든다. 꿀벌이 이 둥근 방에 들어가 날개근육을 떨어서 온도를 섭씨 37~40도로 높이면 밀랍 벽은 반결정 상태가 되고, 이때 벽 사이에 서로 당기는 힘이 발생해 육각형 구조가 된다는 거다. 비누거품들이 만나는 면이 반듯한 것과 비슷한 현상이다.

꿀벌의 집이 정말 그런 원리로 만들어지는지 확인해보고 싶어졌다.

특명!
밀랍을 구하라

일단 실험을 하려면 밀랍을 구해야 했다. '밀랍'이란 낱말로 인터넷 검색을 해보니 립밤을 만드는 원료가 밀랍이라고 나왔다. 하지만 순수한 밀랍일지 의심스러웠다. 킬로그램 단위로 양봉 농가와 직거래하는 방법도 있지만 정해진 값이 없는 물건이어서 흥정해야 하는 부담이 있었다. 그래서 소규모로 벌을 키우는 친지 어르신께 물어물어 벌집 3장을 얻었다.

조용히 실험할 수 있을 거란 생각과는 다르게 벌집을 꺼내 놓자마자 주변 반응이 뜨거웠다. "어, 이거 재밌겠는데 나도 할까?" "와, 신기하네." "벌들은 어떻게 이런 집을 만들었을까?" "그런데 꼭 밀랍이 아니어도 실험할 수 있는 거 아니에요?" 아니, 어떻게 구해 온 재료인데 밀랍이 아니어도 된다니. 어쨌든 한 입씩 먹고 시작하기로 했다.

어떻게 만들어야 육각형 구조를 얻을 수 있을까? 성공적인 결과를 얻으려면 실제 벌집의 방간 두께와 비슷한 얇은 두께의 방을 구현할 수 있어야 하고, 온도를 최고 43도까지 낸다는 꿀벌을 흉내 낼 가열 수단이 필요했다. 녹인 밀랍을 종이컵에 붓고 반쯤 굳었을 때 빨대로 구멍을 낸 후 온도 43도로 맞춰 둔 물을 채워 보기로 했다.

부순 벌집을 양은그릇에 담아 버너로 가열했다. 흡사 어릴 적 학교 앞에서 팔던 '뽑기'를 만드는 모양새다. 밀랍의 설명하기 힘든 냄새와 달달한 꿀 냄새가 사무실에 진동했다. 가열해 벌집을 녹이니 갈색 액체가 되었다. 불을 끄고 식히니 슬슬 노란 밀랍이 굳기 시작했다. 칼로 자르니 꿀과 이물질은 종이컵 아래로, 밀랍은 위로 떠서 층을 이뤘다. 이물질과 꿀을 걷어 내고 밀랍만 모았다.

1 양봉 농가에서 얻은 벌집
2 벌집 부수기
3 부순 벌집을 그릇에 담아서 가열했다.
4 가열하니 갈색 액체가 되었다.
5 이물질과 꿀을 걷어 냈다.

꿀벌을 흉내 내기 위한 도전

밀랍을 다시 한 번 녹여 정제한 뒤 종이컵에 부었다. 서서히 굳어가는 밀랍이 완전히 식기 전에 신속하게 빨대로 찌른 후 원 안의 밀랍을 파낸다. 그렇게 만든 여러 개의 구멍 속에 섭씨 43도로 맞춘 물을 채워 넣었다. "어? 어!" 구멍 사이 벽들에 각이 생기는 듯하다. 하지만 장력이 작용하기에는 벽이 너무 두꺼웠다.

한편에서는 빨대를 스카치테이프로 묶어 다발을 만들어서 여러 개의 구멍을 동시에 내 보기로 했다. 그러면 벽의 굵기가 일정할 것이다. 빨대 다발의 한쪽 끝을 밀랍으로 막은 후 밀랍을 부은 종이컵에 넣어서 굳히면 빨대 안쪽으로 밀랍이 차지도 않을 테고, 그러면 밀랍을 파낼 필요도 없이 빨대 다발만 빼면 되리라 생각했다. 그런데 빨대 다발을 뺄 때 깔끔하게 빠지지 않았고 벽이 뭉그러졌다.

1 녹인 밀랍을 종이컵에 부어 식혔다.
2 빨대로 찍어 파냈다.
3 섭씨 43도로 맞춘 물을 구멍에 채웠다.
4 방과 방 사이에 장력이 작용하기에는 벽이 너무 두껍다.
5 녹인 밀랍에 빨대 다발을 넣고 식힌 뒤 따뜻한 물을 넣어봤지만 역시 실패!

2차 시도: 준비 단계에서부터 벽 두께에 주목하던 선배가 마치 만두피를 만들 듯 밀대를 이용해 밀랍을 얇게 편 뒤에 그것을 둥글게 말아서 마카로니 같은 긴 원통 튜브를 만들었다. 열을 가한 칼로 이 밀랍

튜브를 일정하게 자른 뒤 종이컵에 배열해 섭씨 43도의 물을 부었다. 하지만 육각형은 나오지 않았다. "뭐가 잘못된 걸까?" "물의 장력이 영향을 끼치는 건 아닐까?" 그래서 다른 가열 방법을 찾아보기로 했다. 온열기로 직접 열을 가해보기도 하고 아예 종이컵을 데운 물에 띄워 보기도 했다. 그러나 모두 실패하고 말았다.

1 스포이트를 유산지로 말아서 밀대로 이용 **2** 얇은 밀랍 튜브를 만들었다.
3 열을 가한 칼로 균일하게 잘랐다. **4** 짜잔! 그런데 왜 육각형으로 안 변하지?
5 가열 방법을 바꿔 볼까? **6** 아예 녹아 버렸다.

3차 시도: 처음 방법에 미련을 버리지 못하고 빨대로 찍어낸 자리를 파내는 방식으로 다시 시도했다. 그러나 굳는 시간을 너무 준 탓인지 망가져 버렸다. 다시 불로 향하는 밀랍을 쳐다보던 나에게 편집장이 "열로 달군 쇠로 밀랍에 구멍을 내면 안 될까?"라고 제안했다. 솔깃

한 마음에 바로 시도했지만 밀랍은 일그러지고 말았다. 다시 원점으로 돌아가 종이컵 바닥에 밀랍을 발라 작게 자른 빨대를 세웠다. 녹인 밀랍을 부은 후 빨대를 제거하면 구멍이 깔끔하게 생기겠지? 하지만 역시 성공하지 못했다.

1 핀셋으로 조심조심 파냈지만 이미 많이 망가졌다. **2** 다시 불로 향한 실패작들
3 불로 달군 쇠로 구멍을 내도 안 되고 **4** 빨대를 세우는 방식으로 시도하자
5 모양은 약간 났다. **6** 따뜻한 물을 채워도, 물에 아예 담가도 모양이 변하질 않았다.

4차 시도: 선배가 스카치테이프로 묶은 빨대 다발의 끝을 가열하는 게 보였다. 뭘 하려고 저러나 보고 있는데 빨대 다발 끝에 육각형 구조가 생기는 게 아닌가? 밀랍은 아니지만 어쨌든 얇은 두께의 원형 다발들이 열에 녹아 액체 성질을 띠게 되면 육각형 구조가 생기는 것을 확인한 셈이다.

1 타지 않게 조심조심. 묶은 빨대 다발 끝에 열을 가했다.
2 육각형이다!

수학자인지는 모르겠지만, 여하튼 꿀벌은 대단하다

"그만 정리하고 저녁이나 먹으러 갑시다." 하는 편집장의 말을 듣고 시계를 보니 벌써 저녁 7시다. 하루 종일 실내에서 버너를 틀고 밀랍을 녹여서인지 머리가 무겁다. 과학자들은 꿀벌이 육각형 구조를 만들어 내는 원리를 알아냈다지만 우리가 직접 확인할 수는 없었다. 그냥 벌통을 구해다가 벌들이 어떻게 하는지 관찰하는 게 더 쉬웠을지도 모르겠다. "우리 이런 거 다시는 하지 맙시다." 선배가 말했다. 실험할 때 제일 재미있어 한 사람이 누구였더라? 아무튼 꿀벌, 너희들 참 대단하다.

참고문헌

녀석들의 취향

곤줄박이는 빨강을, 직박구리는 파랑을 좋아해?

1. 최재천, 『(최재천의)인간과 동물』, 궁리, 2007, pp.35~38, pp.339~340.
2. 위르겐 타우츠, 유영미, 『경이로운 꿀벌의 세계』, 도서출판 이치, 2009, pp.134~138.

땡감의 달달한 변신?

1. 나카무라 미츠오 · 후쿠이 히로카주, 김태춘 · 이규철 · 이용문, 『감의 생리 생태와 재배 신기술』, 중앙생활사, 2002, p.170~182.
2. 농촌진흥청, 카바이드 대체재 개발
   http://search.rda.go.kr/RSA/front/techInfo.jsp?cont_no=11104

도도한 고양이도 개박하 앞에서는 사족을 못 쓴다?

1. 스티븐 부디안스키, 이상원, 『고양이에 대하여』, 사이언스북스, 2005, pp.196~199.
2. 현진오, 나혜련, 〈한반도 생물자원〉 포털,
   https://www.nibr.go.kr/species/home/species/spc01001m.jsp?cls_id=55403&from_sch=Y
3. 앨런 에드워즈, 『고양이 백과사전』, 동학사, 2011, pp.212~213.

두루미의 취미는 국악 감상?

1. 전태일기념관건립위원회, 『어느 청년노동자의 삶과 죽음』, 돌베개, 1983, pp. 135~136.
2. 김부식, 김아리, 『삼국사기』, 돌베개, 2012, p.225.
3. 박형욱, 「새의 국명 목록, 명칭 유래, 지역명」, 〈자연과생태〉 제67호, 2013, p.64.
4. 에드워드 윌슨, 황현숙, 『생명의 다양성』, 까치, 1995 pp.55~56.
5. 데이비드 로텐버그, 신두석, 『새는 왜 노래하는가?』, 범양사, 2007, pp. 22~35.
6. 피터 메티슨, 오성환, 『천상의 새: 두루미』, 까치글방, 2005 p.19, p.307, p.322.
7. 레토 슈나이더, 『매드 사이언스 북』, 뿌리와이파리, 2008, p.44.
8. 국립생물자원관[편], 『조류 적색목록』, 국립생물자원관, 2011, p.157.

그들에게 무언가 특별한 것이 있다?

개미귀신도 빠지면 큰일 나는 개미지옥

1. 베른트 하인리히, 『숲에 사는 즐거움』, 사이언스북스, 2005, p. 282, pp.286~288.

이끼를 바르면 새살이 솔솔?

1. 옌스 죈트겐, 오공훈, 『별빛부터 이슬까지』, 알에이치코리아, 2012, pp.388~389.
2. 위키백과, 알렉산더 플레밍.
   http://ko.wikipedia.org/wiki/%EC%95%8C%EB%A0%89%EC%82%B0%EB%8D%94_%ED%94%8C%EB%A0%88%EB%B0%8D

수억 년을 버텨온 '꼼장어'의 비결

1. 국립수산과학원, 『수변정담』, 국립수산과학원, 2005, pp.51~52.
2. Vincent Zintzen · Clive D. Roberts · Marti J. Anderson · Andrew L. Stewart · Carl D. Struthers & Euan S. Harvey, 『Hagfish predatory behaviour and slime defence mechanism』, nature online, 2011.
3. 로버트 앨런 외 5인, 공민희, 『바이오미메틱스』, 시그마북스, 2011. p.43.
4. Fudge, Douglas S., Kenn H, Gardener, V. Trevor Forsyth, Christian Riekel, and john M. Gosline, 『The Mechanical Properties of Hydrated Intermediate Filaments: Insight from Hagfish Slime Threads』, 『Biophysical Journal Vol. 85』, 2003.

토란잎도 부처님에 빗댈 수 있다

1. 유상연, 「연잎이 물에 젖지 않는 이유」, KISTI의 과학향기, 2008년 11월 12일자
   http://scent.ndsl.kr/sctColDetail.do?seq=3954

멧토끼 똥으로 종이 만들기

1. 이승철, 『종이 만들기』, 학고재, 2001, pp.42~59.
2. 허준, 동의학연구소, 『동의보감』, 여강, 1994, p.2626.

그대 안의 신비, 고래회충

1. 정준호, 『기생충, 우리들의 오래된 동반자』, 후마니타스, 2011, p.31, p.299.
2. 식품의약품안전청, 『기생충이란?』, 식품의약품안전청, 2010, pp.24~25.
3. 한국과학기자협회, 『(먹을거리를 사랑하는 기자들이 풀어쓴) '식품안전' 이야기』, 한국농림수산정보센터, 2012, pp.397~398.

그 이야기, 정말일까?

꿀벌은 수학자?

1. 위르겐 타우츠, 유영미, 『경이로운 꿀벌의 세계』, 도서출판 이치, 2009, pp.200~207.

'끓는 물속 개구리' 이야기

1. http://en.wikipedia.org/wiki/Boiling_frog

모기 물린 데는 명아주 잎이 즉효약?

1. 정약용, 최지녀, 『다산의 풍경 : 정약용 시 선집』, 돌베개, 2008, pp.164~165.
2. 서민, 『(서민의) 기생충 열전 = Parasite : 착하거나 나쁘거나 이상하거나』, 을유문화사, 2013, pp.229~231.

모기 잡는 은행나무?

1. 소웅영 · 윤실, 『은행나무의 과학 · 문화 · 신비』, 전파과학사, 2011, pp.48~50.
2. 앤드루 스필먼, 이동규, 『(인류최대의 적)모기』, 해바라기, 2002, pp.41~46.

앵무새에게도 자의식이 있을까?

1. 일연, 이민수, 『삼국유사』, 을유문화사, 2013, p.168.
2. 수잔 매카시, 이한음, 『(사람보다 더 사람 같은) 동물의 세계 : 신기한 동물들의 학습일기』, 팩컴북스, 2012, 458~465.

때죽나무에 깃든 물고기의 비극

1. 이유미, 『(우리가 정말 알아야 할) 우리 나무 백가지』, 현암사, 2009, pp.437~438.
2. 구자춘, 「물고기를 떼로 죽이는 때죽나무」, 〈자연과생태〉 제7호, 2007, p95.

운 좋은 개구리는 바다도 건넌다?

1. KBS, 〈환경스페셜〉, 황소개구리 사라졌는가? 271회, 2006.
2. 제리 코인, 김명남, 『지울 수 없는 흔적』, 을유문화사, 2011, pp.149~158.
3. 김종욱 · 윤병일 · 송진일 · 임채욱 · 우승범, 「방류 유무에 따른 영산강 하구역의 시공간적 잔차류 및 염분변화」, 『한국해안해양공학회논문집 제25권 제2호』, 2013, p.103.
4. Alan P. Trujillo · Harold V. Thurman, 이상룡 · 강효진 · 김대철 · 이동섭 · 이재철 · 정익교 · 허성회, 『(최신) 해양과학』, 시그마프레스, 2012, p.166~167.

밤에 휘파람 불면 뱀 나온대

1. 김어준, 「사회적 금기에 대한 과학적 분석」, 『딴지일보 졸라 스페셜』, 딴지그룹, 2000, pp.201~203.
2. 백남극 · 심재한, 『뱀』, 지성사, 1999, pp.39~40.
3. 유몽인, 신익철 · 이형대 · 조융희 · 노영미, 『어우야담』, 돌베개, 2009, p.454.
4. 김혜지 · 윤혜정 · 조형제 · 김준, 「국악기 피리의 소리합성을 위한 음색분석」, 『멀티미디어학회논문지 Vol.9 No.7』, 2006, p. 801.
5. 경향신문, 「화장실 하수구서 '뱀' 나왔다…서울 주택가 '공포'」, 2012년 7월 8일자.